Eberhard Witte
Neue Fernsehnetze im Medienmarkt

net-Buch Telekommunikation

Schriftenreihe der Zeitschrift
nachrichten elektronik + telematik (net)

Herausgegeben von
Prof. Dr.-Ing. Karl-Ludwig Plank
Prof. Dr. Dietrich Seibt
Prof. Dr. Carl Christian von Weizsäcker
Prof. Dr. Dr. h. c. Eberhard Witte

Diese Untersuchung wurde erstellt im Auftrag der Deutschen Bundespost

Neue Fernsehnetze im Medienmarkt

Die Amortisationsfähigkeit von Breitbandverteilsystemen

von

Eberhard Witte

unter Mitarbeit von:

Hans-Peter Taubitz,
Rüdiger Salat und
Kurt Servatius

Beratung:

Helmut Lenhardt

R. v. Decker's Verlag, G. Schenck
Heidelberg 1984

Prof. Dr. Dres. h. c. *Eberhard Witte,* Jahrgang 1928, Studium der Betriebswirtschaftslehre an der Freien Universität Berlin, Wirtschaftsprüfungspraxis, Lehrstuhl für Organisation an der Universität Mannheim 1963—1970, seit 1970 Lehrstuhl für Betriebswirtschaftslehre an der Universität München, Vorsitzender der Kommission für den Ausbau des technischen Kommunikationssystems 1973—1976, Vorsitzender des *Münchner Kreises* seit 1976, Mitglied der Bayerischen Akademie der Wissenschaften seit 1976.

CIP-Kurztitelaufnahme der Deutschen Bibliothek

Witte, Eberhard:
Neue Fernsehnetze im Medienmarkt: d. Amortisationsfähigkeit von Breitbandverteilsystemen / von Eberhard Witte. Unter Mitarb. von: Hans-Peter Taubitz . . . Beratung: Helmut Lenhardt. —
Heidelberg: v. Decker, 1984.
(net-Buch Telekommunikation)
ISBN 3-7685-6584-X

Satz: Roman Leipe GmbH, Hagenbach
Druck: Druckhaus Darmstadt GmbH, Darmstadt

ISBN 3-7685-6584-X

Inhalt

0. Zusammengefaßtes Ergebnis

Breitbandkabelnetze sind in Verbindung mit Satelliten geeignet, die Programmvielfalt im Fernsehen (auch im Hörfunk) zu erhöhen. Die dazu nötigen Investitionen für das Netz und die zentralen Einrichtungen bedürfen unter betriebswirtschaftlichem Aspekt der Amortisation durch die Entgelte der an das Kabelnetz angeschlossenen Haushalte.

Die Bevölkerung wird sich nur dann am Kabelfernsehen beteiligen, wenn hinreichend viele und attraktive Programme angeboten werden. Diese setzen eine Mindestanzahl an Teilnehmern voraus (Eintrittsschwelle), um die Programmkosten durch Werbeeinnahmen zu decken. Die Öffnung des Medienmarktes ist Voraussetzung für die Amortisation der Investitionen.

Um diese Zielsetzung der Investitionspolitik in möglichst kurzer Zeit zu realisieren, ist es zweckmäßig, an vielen geeigneten Stellen der Bundesrepublik Deutschland gleichzeitig mit der Errichtung von in sich geschlossenen Einzelnetzen zu beginnen. Je nach der Größe eines Einzelnetzes können unterschiedlich anspruchsvolle Antennenanlagen (zum terrestrischen und zum Satellitenempfang) installiert werden.

Die Amortisationsrechnung weist aus, daß Einzelnetze unterschiedlicher Größe amortisationsfähig sind, wenn ihre Plazierung den im vorliegenden Bericht abgeleiteten Merkmalen folgt.

Im einzelnen werden die folgenden Feststellungen (F) und Empfehlungen (E) vorgelegt, die auf den angegebenen Seiten erläutert und begründet werden.

Die Investitionsaufgabe

F 1 Zur Öffnung des Medienmarktes müssen ca. 4,4 Mio. Haushalte (Wohneinheiten) an Kabelnetze angeschlossen sein (Eintrittsschwelle). — S. 11/12 —

F 2 Um 4,4 Mio. Anschlüsse zu realisieren, müssen bei einer erwarteten Anschlußdichte von 60 % 7,33 Mio. Wohneinheiten mit einer Anschlußmöglichkeit versorgt werden. — S. 12 —

F 3 Die Eintrittsschwelle ist möglichst schnell zu erreichen. Verzögerungen gefährden die Amortisation. — S. 18 —

F 4 Während die terrestrische Versorgung mit Fernseh- und Hörfunkprogrammen an die geographische Plazierung der Sender gebunden ist,

können die getrennt voneinander errichteten Einzelnetze des Kabelfernsehens an jeder Stelle der Bundesrepublik Deutschland plaziert werden, wenn die Programme über Satelliten zugeführt werden.
— S. 20/21 —

Die Erfüllung der Investitionsaufgabe

F 5 Die Investition pro Übergabepunkt ohne zentrale Einrichtungen beträgt in geeigneten Siedlungsflächen unter den angegebenen Randbedingungen durchschnittlich DM 1.620,—. — S. 23-25 —

F 6 Ein Breitbandverteilnetz zur Versorgung der Bevölkerung mit Fernseh- und Hörfunkprogrammen kann in planbarer Zukunft am wirtschaftlichsten in Koaxialkabeltechnik realisiert werden.
Glasfaserkabel zeichnen sich als technisch und wirtschaftlich sinnvolle Verbindungslinien zwischen den Einzelnetzen ab. — S. 18/19 —

E 1 Es wird empfohlen, in einer umfassenden mittelfristigen Planung mehrere Bauvorhaben eines Fernmeldeamtes so zusammenzufassen, daß sie gemeinsam ausgeschrieben und realisiert werden können. — S. 26 —

F 7 In jedem Einzelnetz fallen Investitionen für die Rundfunkempfangsstelle (inkl. BK-Verstärkerstelle) bei professioneller (semiprofessioneller) Ausführung in Höhe von DM 391.000,— (DM 80.000,—) an.
— S. 28/29 —

F 8 Die Investitionen für die Nachrichtensatellitenantenne betragen bei vier genutzten Kanälen DM 202.000,— (DM 78.000,—). — S. 31/32 —

F 9 Die Investitionen für eine Direktsatellitenantenne zum Gemeinschaftsempfang betragen bei der Nutzung von vier Kanälen DM 110.000,— (DM 21.100,—). — S. 35/36 —

F 10 Die nichttechnischen Investitionen zur Markterschließung betragen pro angeschlossener Wohneinheit DM 150,—. — S. 42 —

F 11 Als jährliche Kosten für das Betreiben des Breitbandverteilsystems sind anzunehmen: Betriebskosten in Höhe von 3 % der Netzinvestitionen, Betriebskosten in Höhe von 3 % der Investitionen für Rundfunkempfangsstellen (inkl. BK-Verstärkerstellen), Betriebskosten in Höhe von 6 % der Investitionen für Satellitenantennenanlagen, Verwaltungskosten in Höhe von DM 18,— pro angeschlossener Wohneinheit. — S. 46/47 —

F 12 Es wird von einem Zinssatz in Höhe von 4,5 % p. a. (Realzins nach Abzug der Inflationsrate) ausgegangen. — S. 48 —

F 13 Der Amortisationsrechnung werden die Gebühren nach geltender Fernmeldeordnung (23. Änderungsverordnung) zugrunde gelegt. Der Betriebsversuch wird ergänzend berücksichtigt. Es wird von der Heranführung zusätzlicher Programme ausgegangen. — S. 49/50 —

F 14 Die zu erwartende Anschlußdichte (in Prozent der anschließbaren Wohneinheiten) wird auf 35 % im ersten Jahr (bei Subskriptionsgebühr) und je 12,5 % zusätzlich im zweiten und im dritten Jahr, also insgesamt auf 60 % geschätzt. — S. 53 —

Internationaler Vergleich

F 15 Die Investitionen und Betriebskosten für das Netz können im internationalen Vergleich unter Berücksichtigung des technischen Qualitätsstandards als angemessen bezeichnet werden. — S. 56, 61 —

F 16 Die Investitionen für zentrale Einrichtungen in professioneller Ausführung sind relativ hoch. In semiprofessioneller Ausführung sind sie mit den international üblichen Werten vergleichbar. — S. 32, 61 —

F 17 Die Gebühren sind im internationalen Vergleich niedrig. Den höheren Entgelten in anderen Ländern entspricht allerdings auch ein größeres Programmangebot. — S. 58, 59, 61 —

Die Amortisation der Investitionen

F 18 Die Amortisationsrechnung bezieht sich auf Einzelnetze mit 3.000, 10.000 und 25.000 anschließbaren Wohneinheiten. Ein Einzelnetz muß nicht das Gesamtgebiet einer Gemeinde abdecken. In einer Gemeinde können auch mehrere Einzelnetze errichtet werden. Andererseits kann ein Einzelnetz auch mehrere Gemeinden einbeziehen. — S. 77 —

F 19 Das Einzelnetz mit 3.000 Wohneinheiten wird mit semiprofessionellen zentralen Einrichtungen ausgerüstet, das Netz mit 25.000 Wohneinheiten wird mit professionellen zentralen Einrichtungen versehen, das Netz mit 10.000 Wohneinheiten wird wahlweise mit professionellen oder semiprofessionellen zentralen Einrichtungen ausgestattet. — S. 77 —

F 20 Für die Amortisation stellt die Anzahl der Wohneinheiten pro Übergabepunkt die empfindlichste Variable dar. — S. 77 —

F 21 Bei 3,5 Wohneinheiten pro Übergabepunkt und einer Anschlußdichte von 60 % amortisiert sich ein Netz von 25.000 Wohneinheiten ohne (mit) Zins in 13 (18) Jahren, ein semiprofessionell betriebenes Netz von 10.000 Wohneinheiten in 13 (17) Jahren und ein Netz mit 3.000 Wohneinheiten in 14 (21) Jahren. — S. 78, 81, 83 —

F 22 Bei 6 Wohneinheiten pro Übergabepunkt und einer Anschlußdichte von nur 50 % amortisiert sich ein Netz von 25.000 Wohneinheiten in 8 (9) Jahren, ein semiprofessionell betriebenes Netz von 10.000 Wohneinheiten in 8 (9) Jahren und ein Netz mit 3.000 Wohneinheiten in 9 (11) Jahren. — S. 79, 82, 84 —

F 23 Netze mit mindestens 25.000 anschließbaren Wohneinheiten und einer Bebauungsdichte von mehr als 4 Wohneinheiten pro Übergabepunkt stellen betriebswirtschaftlich hoch rentable Investitionen dar. Netze von mindestens 3.000 Wohneinheiten in einer Bebauungsdichte von mindestens 3,5 Wohneinheiten pro Übergabepunkt sind uneingeschränkt amortisationsfähig. Kleinere Netze in ungünstigerer Bebauungstruktur sind dann amortisationsfähig, wenn die Anschlußbereitschaft über 60 % liegt und die nichttechnische Investition (Marketing) weitgehend entbehrlich wird. — S. 78, 86, 87 —

F 24 In der Bundesrepublik Deutschland existieren ca. 12,5 Mio. Haushalte, die von Einzelnetzen mit mindestens 3.000 anschließbaren Wohneinheiten und mit mindestens 3,5 Wohneinheiten pro Übergabepunkt erreicht werden können. Da zur Öffnung des Medienmarktes ca. 7,33 Mio. Haushalte mit einer Anschlußmöglichkeit versehen werden müssen, besteht ein hinreichend großer Spielraum, um amortisationsfähige Netze zu errichten. — S. 95/96 —

Amortisationsfördernde Entscheidungen

E 2 Für die erste Ausbaustufe des Breitbandverteilnetzes wird eine vorhandene und bewährte Technik empfohlen. Spätere technische Innovationen (Rückkanal, sonstige Dienste) werden mit einer solchen Konzeption nicht ausgeschlossen und können nach dem Erreichen der Eintrittsschwelle realisiert werden. — S. 98/99 —

E 3 Es wird empfohlen, bis zur Öffnung des Medienmarktes Einzelnetze mit mindestens 3.000 anschließbaren Wohneinheiten zu errichten. Bei einer Anschlußdichte von 60 % bedeutet dies 1.800 angeschlossene Haushalte. — S. 99 —

E 4 Es wird empfohlen, diese Einzelnetze dort zu errichten, wo eine durchschnittliche Bebauungsstruktur von mindestens 3,5 Wohneinheiten pro Übergabepunkt gegeben ist. — S. 99 —

F 25 Um bis 1987 ca. 7,33 Mio. Haushalte mit einer Anschlußmöglichkeit zu versorgen und damit den Medienmarkt für 1988/89 zu öffnen, werden Investitionen von insgesamt ca. DM 5 Mrd. notwendig sein. Dabei wird von Einzelnetzen mit autonomer Einspeisung von terrestrischen und Satellitenprogrammen ausgegangen. — S. 101/102 —

E 5 **Es wird empfohlen, den Netzausbau dadurch zu beschleunigen, daß in verstärktem Umfang private Kooperationspartner gewonnen werden. Diese sollten ermächtigt werden, geeignete Gebiete für die Errichtung von Einzelnetzen auszuwählen. — S. 102 —**

E 6 **Zur möglichst schnellen Gewinnung zusätzlicher Fernseh- und Hörfunkteilnehmer (Öffnung des Medienmarktes) wird empfohlen, den Betrieb von Nachrichtensatellitenantennen zum Empfang von Programmen in privaten Gemeinschaftsantennenanlagen zu genehmigen. — S. 102 —**

F 26 Die Anbieter von Fernseh- und Hörfunkprogrammen, die Deutsche Bundespost und die Teilnehmer am Kabelfernsehen sind aufeinander angewiesen; sie können sich gegenseitig fördern oder wirtschaftlich behindern. Die Amortisation des Gesamtsystems hängt von der Kooperation zwischen allen Partnern ab. — S. 103 —

E 7 **Es wird empfohlen, den Programmanbietern bis zur Öffnung des Medienmarktes nur geringe, dann jedoch ansteigende und schließlich kostendeckende Gebühren für die Nutzung eines Satellitenkanals zu berechnen. — S. 103 —**

E 8 **Es wird empfohlen, private Betriebsgesellschaften zuzulassen, die eine schnelle Markterschließung bewirken sollen und als alleiniger Ansprechpartner für die (potentiellen) Teilnehmer auftreten. — S. 104/105 —**

E 9 **Soweit eine Betriebsgesellschaft nicht selbst Satellitenantennenanlagen betreiben darf, müßte sie befugt sein, bei der Deutschen Bundespost auf die Errichtung geeigneter (auch semiprofessioneller) Antennenanlagen hinzuwirken. — S. 107 —**

E 10 **Zur Fortentwicklung der Gebühren der Deutschen Bundespost wird empfohlen, eine Gebührendegression mit wachsender Anzahl der Wohneinheiten pro Übergabepunkt einzuführen und mit sinkender Anzahl von Wohneinheiten pro Übergabepunkt eine Gebührenprogression vorzusehen. — S. 107/108 —**

E 11 **Für die Anschließungsgebühr und die monatliche Gebühr ist eine gegenseitige Kompensierbarkeit anzustreben. — S. 108 —**

E 12 **Die monatlichen Gebühren sollten mit Art und Anzahl der angebotenen Programme angehoben werden. Die Gebühren können damit in Einzelnetzen unterschiedlichen Programmangebots verschieden hoch sein. — S. 107 —**

E 13 **Das Angebot an Abonnementprogrammen (Pay-TV) sollte gefördert werden. — S. 108 —**

F 27 Der Direktsatellitenempfang mit einfachen Parabolantennen ist nur für einzelne und kleinere Häuser möglich. Für größere Häuser und Siedlungen benötigt man auch im Falle der ausschließlichen Versorgung über Direktsatelliten ein Kabelnetz mit einer anspruchsvolleren Antennenanlage und einer aufwendigen Signalaufbereitung. Deshalb wird es für breite Bevölkerungskreise auch in Zukunft sinnvoll bleiben, sich an ein Breitbandkabelnetz anzuschließen. — S. 109 —

E 14 **Es wird empfohlen, die nutzbare Bandbreite von 300 MHz auf 440 MHz auszuweiten. — S. 112 —**

F 28 Das im Aufbau befindliche Breitbandverteilnetz und das für zukünftige Formen der Individualkommunikation vorgesehene Breitbandvermittlungsnetz behindern sich nicht in ihrer Amortisation. — S. 112 —

1. Die Investitionsaufgabe

Das Errichten und Betreiben eines Breitbandverteilnetzes stellt die Deutsche Bundespost vor eine grundlegend neue Aufgabe. Während die traditionellen Fernmeldenetze der Punkt-zu-Punkt-Kommunikation gewidmet sind und sich durch individuelle Nutzung der Kommunikationspartner amortisieren, dient ein Breitbandverteilnetz der Massenkommunikation und setzt Programmanbieter voraus, ohne deren Existenz das Netz ungenutzt bleibt und damit nicht amortisationsfähig ist. Deshalb kann die Frage, ob ein Breitbandverteilnetz notwendig, wünschenswert oder entbehrlich ist, nicht allein aus dem sachlichen Kompetenzbereich der Deutschen Bundespost beantwortet werden. Es ist unerläßlich, die wirtschaftlichen Fakten der Kommunikationsinhalte (Hörfunk- und Fernsehprogramme) und damit die medienpolitische Zielsetzung miteinzubeziehen.

1.1 Zur Notwendigkeit eines Breitbandverteilsystems

Die Bevölkerung der Bundesrepublik Deutschland ist im Vergleich zu anderen Industrieländern hinsichtlich der Anzahl der Rundfunkprogramme (insbesondere Fernsehprogramme) geringer versorgt, weil im Zentrum Europas die Frequenzen für Rundfunksendungen begrenzt und zugeteilt sind. Es läßt sich auf dem Wege der terrestrischen Übertragung kein weiteres Fernsehprogramm bundesweit verteilen.

Ein Entwicklungsdruck in Richtung auf die Vermehrung der Programmvielfalt geht sowohl von den Konsumenten der Medieninhalte als auch von den Instanzen der Medienpolitik (Bundesländern) und den potentiellen Anbietern aus.

Von der Konsumentenseite her bleiben Nachfragewünsche hinsichtlich der Unterhaltung, der Teilnahme am Sport- und Ereignisgeschehen, der Kultur und der Bildung sowie der lokalen Berichterstattung unerfüllt. Ein Indiz für noch offenen Bedarf nach Unterhaltung ist die Entwicklung des Videokassettenmarktes. Empirische Belege zur Nachfrage nach Programmen werden in Abschnitt 2.3.3 vorgelegt.

Von der Angebotsseite her wird die Forderung nach einer Erhöhung der Programmanzahl mit dem Wunsch nach der sogenannten Außenpluralität begründet. Während bei Frequenzknappheit die Meinungsvielfalt dadurch angestrebt wird, daß innerhalb eines Programms oder innerhalb der Programme eines Anbieters die jeweils gegensätzlichen Standpunkte ausgewogen berücksichtigt und in dieser Hinsicht von einem Rundfunkrat (Fernsehrat) kontrolliert werden (Innenpluralität), bedeutet die Außenpluralität, daß frei auf dem Medienmarkt konkurrierende Programmangebote öffentlicher und privater Veranstalter zu einer Gesamtausgewogenheit führen. Wer dies herbeiführen will, kommt nicht umhin, neue technische Systeme zur Verteilung einer Vielzahl von Hörfunk- und Fernsehprogrammen zu realisieren. Unter Verwendung der Übertragungstechnik der achtziger und neunziger Jahre unseres Jahrhunderts geschieht die Verteilung im Fernbereich über Satelliten (evtl. mit ergänzenden Richtfunk- und Kabelstrecken) und im Nahbereich über Breitbandverteilnetze (siehe Abschnitt 1.3).

Zwischen dem technischen Übertragungssystem und dem Programmangebot besteht eine wechselseitige Abhängigkeit, die anschaulich als Henne-Ei-Problem gekennzeichnet ist: Das Programmangebot kann erst realisiert werden, wenn ein Breitbandverteilsystem errichtet ist, und dieses kann sich nur dann amortisieren, wenn in den Übertragungskanälen Programme den Weg zum zahlenden Teilnehmer finden. Damit wird eine Innovationsbarriere für die Rundfunkvielfalt sichtbar: Das Netz setzt Inhalte voraus; das Angebot von Inhalten setzt ein Netz voraus. Wenn die Deutsche Bundespost eine passive (abwartende) Haltung einnehmen würde, bliebe der Status quo erhalten und würde allenfalls durch grenzüberschreitenden Satellitenrundfunk modifiziert. Eine eigene deutsche Medienentwicklung fände nicht statt.

Zur Überwindung des Henne-Ei-Problems kann nicht an der Programmkomponente angesetzt werden, denn sie findet den Weg zu den Teilnehmern nicht. Die Innovationsbarriere kann nur durch eine aktive Investitionspolitik zur Errichtung eines Breitbandverteilsystems überwunden werden. Die Deutsche Bundespost ist hierzu nicht nur berechtigt, sondern grundsätzlich verpflichtet. Sie ist nach ihrem gesetzlichen Auftrag und ihrem gewachsenen Selbstverständnis gehalten, die Infrastruktur der Telekommunikation zu errichten, zu betreiben, fortzuentwickeln und Innovationsimpulse zu geben. Die Bundesländer, die über die rechtliche Kompetenz zur Medienpolitik verfügen, haben sich überwiegend für eine Erweiterung der Programmvielfalt entschieden und fordern damit eine größere Anzahl von Übertragungswegen.

In den Gesetzen und Gesetzentwürfen der Bundesländer (Ring, 1984) sind nicht nur die Pilotprojekte der Kabelkommunikation, sondern ist auch die landesweite Verbreitung eines erhöhten Programmangebotes vorgesehen und geregelt. Damit wird die gesetzgeberische Konsequenz aus den Beratungen und Beschlüssen der Ministerpräsidenten der Länder gezogen, die für die Pilotprojekte (11. 5. 1978 und 14. 11. 1980) sowie für die Verteilung von Hörfunk- und Fernsehprogrammen über Satelliten (22. 10. 1982, 23. 2. 1984 und 19. 10. 1984) die Nutzung eines breiteren Medienangebotes konzipiert haben.

Die Bundesregierung hat ihrerseits — und als Antwort an die Bundesländer — in ihrer Konzeption zur Förderung der Entwicklung der Mikroelektronik, der Informations- und Kommunikationstechniken (Informationstechnik, Bonn 1984, S. 62) erklärt:

Die Bundesregierung wird die Errichtung von Breitbandverteilnetzen entsprechend der Nachfrage nach wirtschaftlichen Gesichtspunkten zügig vorantreiben. Die Bundesregierung hält es nicht nur für wünschenswert, sondern für notwendig, daß der Bevölkerung die dem Bedarf entsprechende Infrastruktur an fernmeldetechnischen Einrichtungen für die Verteilung von Fernseh- und Tonrundfunkprogrammen über Breitbandkabelnetze zur Verfügung gestellt wird. Die Bundesregierung hält es für sinnvoll, daß solche Netze vorrangig in denjenigen Ländern und Städten bzw. Gemeinden großflächig ausgebaut werden, in denen ein entsprechender Bedarf ermittelt wurde und mit der notwendigen Unterstützung bei der Durchführung der Verkabelung seitens der Länder und Kommunen gerechnet werden kann.

Bereits in der Regierungserklärung vom 13. 10. 1982 heißt es wörtlich:

Wir wollen sechstens den Weg freigeben für die Anwendung moderner Techniken und die Entwicklung neuer Technologien, vor allem im Kommunikationswesen.

Eine besondere Verantwortung liegt hierbei bei der Deutschen Bundespost, die zur Stärkung der Wettbewerbsfähigkeit unserer Wirtschaft und zur Überwindung der gegenwärtigen Wachstumsschwäche beitragen muß. Von dem geplanten Ausbau der Kabelnetze, der Einführung neuer Dienste sowie der Einbeziehung der Satellitentechnik in ein modernes Kommunikationsnetz werden wirkungsvolle Anstöße für Investitionen und neue Technologien ausgehen.

Damit liegen die grundlegenden politischen Entscheidungen der föderativen Ebenen in der Bundesrepublik Deutschland vor. Diese Entscheidungen stehen hier nicht zur Diskussion. Es ist von ihnen auszugehen als einer Vorgabe, die von den demokratisch legitimierten Instanzen zu verantworten ist. Alle Schritte der vorliegenden Untersuchung, die erarbeiteten Feststellungen und Empfehlungen sind so zu verstehen, daß sie die Konsequenz aus den politischen Grundlagenentscheidungen darstellen. Dies muß insbesondere deshalb im Auge behalten werden, weil sich sachliche Gegensätze zu anderen Interessenpositionen und Zielsetzungen (Daseinsvorsorge, Flächendeckung, einheitliche Gebührenstruktur etc.) zeigen werden.

Nach der axiomatischen Setzung der politischen Entscheidung kann als zweites die Frage gestellt werden, welche wirtschaftlichen Aspekte mit der Errichtung eines Breitbandverteilsystems verbunden sind.

1.2 Die Öffnung des Medienmarktes

Um zu erkennen, welches spezifische wirtschaftliche Problem mit der Öffnung eines deutschen Medienmarktes verbunden ist, soll ein Blick in die kleineren Nachbarstaaten Belgien, Niederlande, Luxemburg und die Schweiz hilfreich sein. Dort sind in den vergangenen zwanzig Jahren umfangreiche Breitbandkabelverteilnetze errichtet und eine landesweite Teilnehmerdichte von über 60 % aller vorhandenen Haushalte erreicht worden. Da diese Länder in der Bevölkerungsgröße und damit im Rundfunkgebührenaufkommen so klein sind, daß sich eine eigene Programmvielfalt nicht finanzieren läßt, und da die Nachbarstaaten Deutschland, Frankreich und Großbritannien jeweils mehrere Fernsehprogramme terrestrisch ausstrahlen, bedarf es lediglich leistungsfähiger Antennenanlagen und großflächiger Kabelnetze, um jeden Haushalt mit der gewünschten Programmvielfalt zu versorgen. Der Vorteil in den genannten Ländern besteht darin, daß weite Teile der Bevölkerung die Sprachen der Nachbarländer verstehen.

In den kleineren Staaten Europas gibt es also das Henne-Ei-Problem nicht. Die Innovationsbarriere, zunächst ein leistungsfähiges Verteilsystem aufbauen zu müssen, damit die Programmanbieter einen zahlungskräftigen Medienmarkt vorfinden, bestand von vornherein nicht, denn die Programme kamen kostenlos aus dem Ausland. Für die Bundesrepublik Deutschland läßt sich dieser Weg nicht gehen. Auch wenn deutschsprachige Programme aus Österreich, der Schweiz, Luxemburg und der DDR im grenznahen Bereich empfangbar sind, würde es doch wegen der geographischen Größe der Bundesrepublik Deutschland noch zusätzlicher Übertragungswege bedürfen, um die Gesamtbevölkerung zu erreichen. Im übrigen würde sich auch dann keine vergleichbare Vielfalt wie z. B. in den mehrsprachigen Ländern Belgien und Schweiz ergeben, denn die Programme aus den benachbarten Flächenstaaten Europas (Frankreich, Großbritannien, Italien) sind wegen der Sprachbarriere nur jeweils einer Minderheit der deutschen Bevölkerung zugänglich, und die Programme der kleineren Staaten erreichen — wie erwähnt — nicht die gewünschte inhaltliche Reichhaltigkeit.

Damit ergibt sich die Aussage, daß zur Erhöhung der Medienvielfalt das Entstehen neuer zusätzlicher deutschsprachiger Programme notwendig ist.

Neue Programme, insbesondere die aufwendigen Fernsehprogramme, werfen Finanzierungsprobleme auf. Da die medienpolitischen Beratungen der Ministerpräsidenten der Bundesländer nicht in die Richtung weisen, die Rundfunkgebühren zu erhöhen, richten sich die Erwartungen auf Einnahmen aus dem Medienmarkt.

Die Programmanbieter verfügen hier über zwei Alternativen zur Gewinnung von Einnahmen: Werbeeinnahmen und Abonnementeinnahmen (Pay-TV).

Nach den vorliegenden internationalen Erfahrungen steht die Programmfinanzierung durch das Werbeaufkommen sowohl nach dem Umfang als auch nach der zeitlichen Entwicklung an erster Stelle. Das Pay-TV tritt als Ergänzungsmedium hinzu (siehe Abschnitt 3.4). Die Öffnung des Medienmarktes ist also von der Kalkulation des Werbeaufkommens abhängig. Private Programmanbieter können nur dann mit Aussicht auf Deckung ihrer Aufwendungen aktiv werden, wenn das Breitbandverteilsystem hinreichend viele Zuschauer und Zuhörer erreicht, um das Werbeaufkommen, das sich ja nach der Anzahl der von der Werbebotschaft erreichten Haushalte richtet, in der notwendigen Höhe auszulösen. Dies gilt grundsätzlich auch für öffentlich-rechtliche Anbieter, denn das Gebührenaufkommen ist weitgehend für die Fortführung der bestehenden Programme gebunden.

Nach den Erfahrungen der letzten zwei Jahrzehnte in den USA akzeptiert die werbetreibende Wirtschaft das Kabelfernsehen erst dann, wenn dieses einen Schwellenwert der Mindestverbreitung überschritten hat. In den USA geschah dies Anfang der achtziger Jahre bei einer Beteiligung von 30 % der privaten Haushalte am Kabelfernsehen. Dann allerdings erhöhte sich das Werbeaufkommen sprungartig.

In der Bundesrepublik Deutschland existieren 23,5 Mio.[1] Haushalte. Davon sind 22 Mio.[1] Fernsehhaushalte. Nur von diesen kann hier ausgegangen werden, denn Haushalte, die auch von dem bisherigen Fernsehangebot keinen Gebrauch machen, sollten in einer Kalkulation für neue Medien unberücksichtigt bleiben.

Wenn man die Erfahrungen aus dem amerikanischen Werbemarkt zugrunde legt und 30 % der Haushalte als Eintrittsschwelle des Werbevolumens heranzieht, müßte ein Breitbandverteilsystem 6,6 Mio. angeschlossene (nicht nur an ein bereits verlegtes Netz anschließbare) Haushalte umfassen, um Programme anbieten zu können, die über Werbung finanzierbar sind.

Eigene Untersuchungen zum Werbemarkt der Zukunft haben jedoch gezeigt, daß in der Bundesrepublik Deutschland die Eintrittsschwelle für das Werbeaufkommen niedriger ist und bei 20 % der Bevölkerung liegt[2]. Die im Rahmen von Delphi-Prognosen befragten Experten der Werbewirtschaft erklärten, daß im Vergleich zu den USA die Werbemöglichkeiten in Deutschland so restriktiv geregelt sind, daß das Werbemedium Satelliten- und Kabelfernsehen bereits bei einem geringeren Verbreitungsgrad angenommen wird. Wenn eine 20prozentige Verbreitung als Eintrittsschwelle herangezogen wird, dann ergeben sich 4,4 Mio. Fernsehhaushalte, die an ein Breitbandverteilsystem effektiv teilnehmend angeschlossen sein müssen, um das Werbeaufkommen als Finanzierungsquelle für Programme zu erschließen. Wenn man von einer Anschlußdichte von 60 % der anschließbaren Haushalte (s. Abschnitt 2.3.3) ausgeht, muß 7,33 Mio. Haushalten die Möglichkeit zum Anschluß geboten werden.

In einem zweiten Berechnungsschritt ist zu prüfen, mit welcher Größenordnung des Werbeaufkommens ein Programmanbieter rechnen kann, um die Deckung seiner Aufwendungen erwägen zu können. Die Rechenschritte zeigen das folgende Bild:

Bei 4,4 Mio. effektiv teilnehmenden Haushalten (Wohneinheiten) werden nach den Gepflogenheiten der Hörfunk- und Fernsehwerbung je zwei Personen pro Haushalt unterstellt. Damit sind 8,8 Mio. Personen im Werbemarkt ansprechbar. Da dieser Personenkreis sowohl von den bestehenden Fernsehprogrammen als auch von mehreren neuen Fernsehprogrammen umworben wird, kann für ein neues Programm nur vorsichtig mit einer Einschaltquote von 15 % gerechnet werden. Dies bedeutet 1.320.000 von der Werbebotschaft tatsächlich erreichte Personen. Da sich die Werbeeinnahmen für einen 30-Sekunden-Werbespot nach dem sogenannten Tausenderpreis (Preis pro 1.000 erreichte Zuschauer) richten und dieser Tausenderpreis beim Zweiten Deutschen Fernsehen zur Zeit DM 7,58 beträgt, wird hier von rund DM 7,50 pro Spot und 1.000 erreichten Zuschauern ausgegangen. Abzüglich der üblichen Rabatte von 30 % verbleiben DM 5,25 als effektiver Tausenderpreis, also bei 1.320.000 Zuschauern DM 6.930,— pro Spot. Pro Minute können zwei Spots gesendet werden. Pro Tag wird man mit 30 Minuten Werbezeit als untere Grenze rechnen müssen. (Die bestehenden öffentlich-rechtlichen Rundfunkanstalten, die nach 20.00 Uhr nicht werben dürfen, erreichen bereits eine tägliche Werbezeit von 20 Minuten.) Die Aussendung von 60 Spots pro Tag ist also sowohl unter den sich abzeichnenden gesetzlichen Grenzen als auch hinsichtlich der wirtschaftlichen Realisierbarkeit vertretbar. Es ergeben sich aus der Multiplikation der Einnahmen pro Spot und der Anzahl der Spots DM 415.800,— Werbeeinnahmen pro Tag. Da die Werbung an Sonn- und Feiertagen noch umstritten ist, kann nur vorsichtig mit 300 Werbetagen gerechnet werden, so daß sich im Jahr Werbeeinnahmen für einen Programmanbieter in Höhe von DM 124,7 Mio. errechnen.

Diese Rechnung enthält naturgemäß erhebliche Unsicherheiten, denn die Einschaltquote, der Tausenderpreis und die Anzahl der gesendeten Spots müssen sich erst im neuen Medienmarkt realisieren.

Als zusätzliche Variante sind grenzüberschreitende Rundfunkprogramme mit Werbung zu beachten. Einerseits gilt die vorstehende überschlägige Berechnung auch für Fernsehgesellschaften, die ihren Sitz im Ausland haben und über geeignete Breitbandwege (z. B. Nachrichten- und Direktsatelliten) das Gebiet der Bundesrepublik Deutschland erreichen. Andererseits können deutsche Programmanbieter damit rechnen, grenzüberschreitend das deutschsprachige Ausland zu erreichen.

Trotz der unvermeidbaren Unschärfen einer solchen Modellrechnung wird doch deutlich erkennbar, wie viele Haushalte ein neu zu errichtendes Breitbandverteilsystem als effektive Teilnehmer benötigt, um einen Medienmarkt zu öffnen, der für einen Programmkanal ca. DM 125 Mio. Werbeaufkommen erbringt. Dieser Betrag ist eher eine untere Grenze, die es einem Programmanbieter erlaubt, seine Aufwendungen zu decken. Erst bei einem Werbevolumen von über DM 200 Mio. kann eine dauerhafte wirtschaftliche Überlebensfähigkeit der Anbieter von qualitativ hochwertigen Programmen erwartet werden. Wenn man bedenkt, daß die größte deutsche Fernsehanstalt, das ZDF, über jährlich etwa DM 1 Mrd. verfügt, dann wird erkennbar, wie schwer es für einen zusätzlichen privaten Anbieter ist, ein Programm ausschließlich aus Werbung zu finanzieren. Obgleich die öffentlich-rechtlichen Anstalten kostspielige Eigenproduktionen durchführen, ein Netz von Auslandskorrespondenten unterhalten und über eine gewisse Präsenz in der Fläche verfügen müssen, bleibt deren Finanzkraft doch vergleichsweise überlegen.

Andererseits darf vermutet werden, daß nach dem Überschreiten der Eintrittsschwelle von 20 % der Bevölkerung das Werbeaufkommen und damit die Finanzierbarkeit von Programmangeboten eine gewisse Eigendynamik gewinnt, so daß auch der private Programmanbieter schließlich mit Werbeeinnahmen rechnen darf, die es erlauben, im Anspruch stetig steigende Programminhalte anzubieten und dabei wirtschaftlich zu überleben. Unter der markierten Eintrittsschwelle ist dies offensichtlich nicht der Fall.

1.3 Elemente des Breitbandverteilsystems

Es ist irreführend, im Zusammenhang mit der Errichtung eines Breitbandverteilsystems lediglich vom „Kabelnetz“ zu sprechen. Deshalb ist auch der Begriff „Kabelfernsehen“ nicht glücklich gewählt. Das wirklich Gemeinte und hinsichtlich seiner Amortisationsfähigkeit zu untersuchende Breitbandverteilsystem umschließt die in Tabelle 1 dargestellten und in Abbildung 1 im Systemzusammenhang gezeigten Elemente: den Signalfluß vom Eingang des fertig produzierten Programms (A) über die verschiedenen Zwischenstationen bis zum Heimfernsehgerät (H)[3].

Dabei ist es nicht in jedem Fall notwendig, das Programm in eine Satellitensendestation einzuspeisen und über den Satellit weiträumig zu verteilen. Es ist vielmehr auch möglich, die Punkte B, C und D zu überspringen und unmittelbar von A nach E zu gelangen. Dies ist insbesondere dann der Fall, wenn in einem Studio Programme produziert, zusammengestellt, gemischt oder aus angelieferten Beiträgen eingegeben werden.

Tabelle 1: Systemelemente des Breitbandverteilsystems

Punkte	*Strecken*
A: Ort der Programmproduktion (außerhalb der Kopfstation)	a_1: Programmzuführung zur Satelliten-Uplink-Station
B: Satelliten-Uplink-Station	a_2: Programmzuführung unmittelbar vom Produktionsort zur Kopfstation
C_1: Nachrichtensatellit	a_3: Programmzuführung über Richtfunk- bzw. Kabelstrecken
C_2: Direktsatellit	a_4: Programmzuführung über das terrestrische Sendernetz
D_1: Nachrichtensatellitenantenne	b_1: Uplink zum Nachrichtensatelliten
D_2: Direktsatellitenantenne	b_2: Uplink zum Direktsatelliten
E: Kopfstation des Einzelnetzes: Rundfunkempfangsstelle inkl. BK-Verstärkerstelle	c_1: Downlink zur Nachrichtensatellitenantenne
F: Übergabepunkt	c_2: Downlink zur Direktsatellitenantenne
G: Breitbandsteckdose	d_1: Zuleitung des Nachrichtensatellitensignals zur Kopfstelle des Einzelnetzes
H: Teilnehmerendgerät, evtl. Konverter und (oder) Decoder	d_2: Zuleitung des Direktsatellitensignals zur Kopfstelle des Einzelnetzes
	d_3: Zuleitung des aufbereiteten Direktsatellitensignals zur Breitbandsteckdose (Gemeinschaftsempfang)
	d_4: Zuleitung des aufbereiteten Direktsatellitensignals zum Teilnehmerendgerät (Einzelempfang)
	e: BK-Netz der Deutschen Bundespost
	f: Hausnetz bis zur Breitbandsteckdose
	g: Leitung zum Teilnehmerendgerät

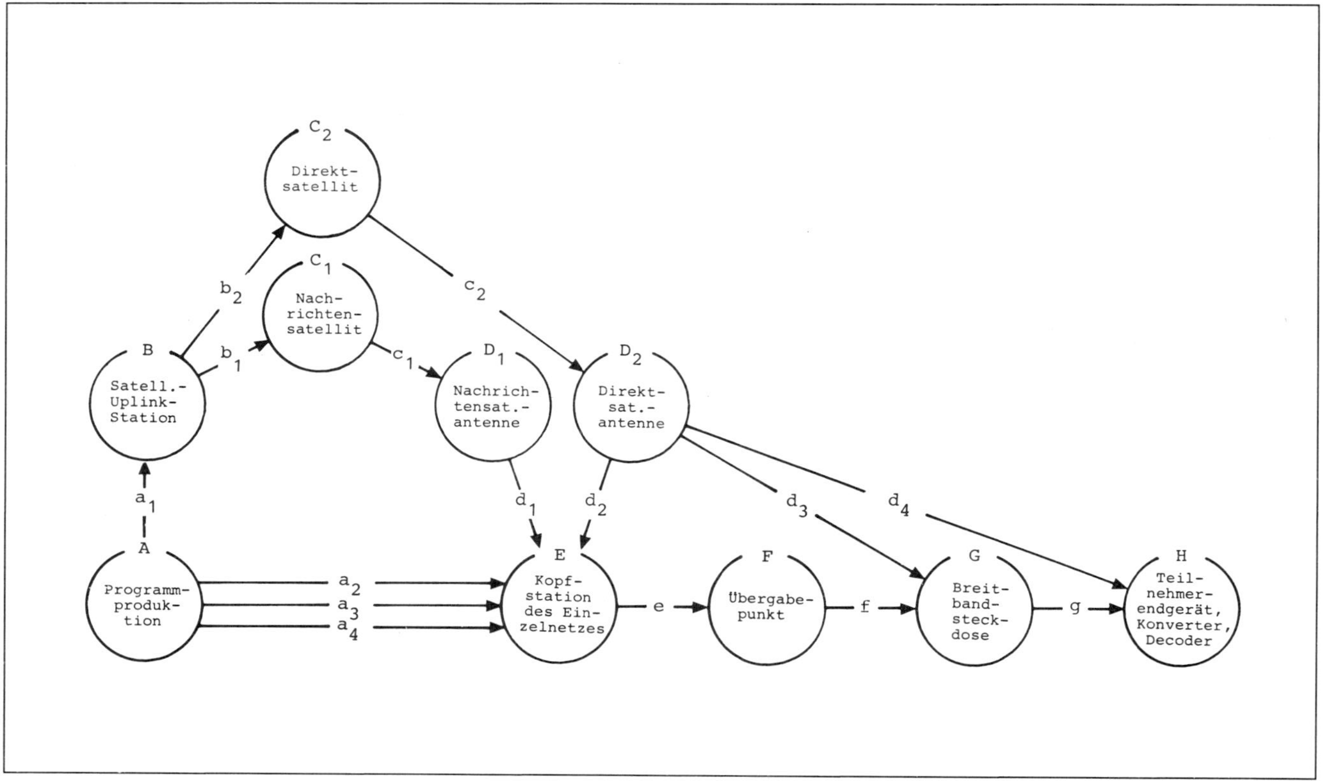

Abbildung 1: Zusammenhang der Systemelemente

Nach den gewachsenen Gepflogenheiten und auch nach der absehbaren zukünftigen Entwicklung können die Punkte A und H bei der Amortisationsrechnung außer Betracht gelassen werden. Denn die Herstellung des Programms und dessen Anlieferung bis zum Einspeisen in ein Breitbandverteilsystem wird als vorgelagerte publizistische Leistung und nicht als Verteilvorgang verstanden. Aus diesem Grunde werden auch die Vergütungen für Leistungen der Urheber hier unberücksichtigt gelassen. Genauso kann der Punkt H, also das Heimfernsehgerät, außerhalb der Betrachtung bleiben. Es wird als privater Einrichtungsgegenstand des Haushaltes eingeschätzt, der als verbrauchsnahe Investition nicht dem betriebswirtschaftlichen Amortisationsdenken unterzogen wird.

Damit ergibt sich die Aussage, daß der Signalfluß von B nach G oder im Falle der direkten Einspeisung in die Kopfstation von E nach G das umfassende Breitbandverteilsystem darstellt. Das System kann — wie bereits in Abschnitt 1.2 dargelegt — jedoch nur auf Amortisation hoffen, wenn ein so reichhaltiges Programm angeboten wird, daß im Punkt H der Programmnachfrager das Angebotene annimmt und bereit ist, ein kostendekkendes Entgelt zu bezahlen.

Das umfassende Breitbandverteilsystem (B bis G) muß zu Zwecken der Amortisationsberechnung noch weiter aufgeteilt werden. Die Signalübertragung von B nach D umfaßt das Satellitenverteilsystem. Zwischen E und F liegt das Breitbandkabelnetz der Deutschen Bundespost (auch BK-Netz genannt). Zwischen F und G liegt das private Hausnetz.

Das Hausnetz ist nach der geltenden Rechtslage nicht dem Kompetenzbereich der Deutschen Bundespost zugeordnet. Die Haus- und Wohnungseigentümer kontrahieren unmittelbar mit dem privaten Elektrohandwerk. Das Hausnetz amortisiert sich also auch nicht über Einnahmen der Deutschen Bundespost, sondern wird entweder wie das Heimfernsehgerät als private Verbrauchsinvestition verstanden oder auf dem Wege der Abschreibung über Mieteinnahmen amortisiert. Trotz dieser Herauslösung aus der enger abgegrenzten Amortisationsrechnung der Deutschen Bundespost kann doch das Hausnetz nicht aus den umfassenden Amortisationsüberlegungen des gesamten Breitbandverteilnetzes ausgeklammert werden. Denn die Investition pro Wohneinheit für das Hausnetz streut erheblich (siehe Abschnitt 2.1.4). Je teurer die Hausverkabelung wird, desto geringer wird die Akzeptanz seitens des privaten Nachfragers. Darunter leidet die Anschlußdichte auch für das Netz der Bundespost und beeinträchtigt insoweit dessen Amortisation.

Ebenso wie das Hausnetz am Ende des Signalflusses wird auch das Satellitensystem (B bis D) bisher aus der Amortisationsberechnung des Breitbandverteilsystems der Deutschen Bundespost herausgelassen. Für diese Handhabung spricht die Tatsache, daß die Satellitentechnik heute noch deutliche Merkmale einer Innovation im nationalen oder europäischen Interesse trägt, so daß die betriebswirtschaftliche Wiedergewinnung der Investitionsbeträge noch nicht im Vordergrund steht. Dies wird jedoch nach Überwindung der Entwicklungs-, Versuchs- und präoperationalen Phasen spätestens in den neunziger Jahren der Fall sein. Dann sollte die Satelliteninvestition und die Investition für die Uplink-Stationen in eine umfassende Amortisationsbetrachtung des gesamten Breitbandverteilsystems einbezogen werden. Auch hier gilt jedoch bereits jetzt die Aussage, daß sich Amortisationshindernisse des Satellitensystems auf die Amortisation des gesamten Breitbandverteilsystems auswirken. Wenn z. B. den Anbietern von Fernsehprogrammen hohe Gebühren für die Benutzung eines Satellitenkanals abverlangt werden, so leidet das Programmangebot und über die damit verringerte Akzeptanz des Teilnehmers auch die Amortisationsfähigkeit des BK-Netzes der Bundespost.

Während also das Satellitensystem und das Hauskabelnetz aus der nun folgenden Amortisationsberechnung — wenn auch nicht aus einer umfassenden Amortisationsbetrachtung — herausgenommen werden, so kann sich die Untersuchung doch nicht auf den zu engen Systemteil E bis F beschränken. Denn im Falle einer Satellitenübertragung werden die Signale im Punkt D empfangen und in das daran anschließende Kabelnetz eingespeist. Ein Einzelnetz ohne Satellitenempfangsantenne würde nahezu taub sein. Es hätte keine Inhalte, die über Satelliten zugeführt werden, sondern müßte sich auf terrestrischen Empfang und Einspeisung aus dem Studio beschränken.

Damit bezieht sich die gestellte Aufgabe der Amortisationsrechnung auf die Strecke D bis F, beginnt also mit der Satellitenempfangsantenne (schließt sie ein) und endet mit dem Übergabepunkt an das Hausnetz.

1.4 Die zeitliche Komponente

Eine im Bau befindliche Anlage (Fabrik, Wohngebäude) wirft noch keinen Ertrag ab, bis sie ihren Zweck voll erfüllt und Leistungen erbringt, die über ihr Entgelt zur Amortisation beitragen. Der Zweck eines neuen Fernsehnetzes ist erst dann erfüllt, wenn in den Breitbandkanälen tatsächlich Programme übertragen werden. Bis dahin kann man bescheidene Amortisationsbeiträge in Abschattungsgebieten, in bisher terrestrisch noch nicht voll versorgten Fernsehgebieten und in einigen Regionen erwarten, die mit ortsmöglichen anstatt bisher ortsüblichen Programmen versorgt werden können.

Auch das Angebot von Subskriptionsgebühren kann in diese Richtung positiv wirken, wenn die Bevölkerung überzeugt ist, daß die Öffnung des Medienmarktes bevorsteht. Falls in dieser Hinsicht Zweifel bestehen oder die Entwicklung nicht zügig genug vorangetrieben wird, sind selbst die vorläufigen Amortisationsbeiträge fraglich.

Auch wenn während der Errichtungszeit des Breitbandnetzes in bescheidenem Umfang Amortisationsbeiträge eingehen, kann auf diesem Wege die Gesamtamortisation doch nicht erreicht werden. Mit einem endgültig gesicherten, dauerhaften Strom von Umsatzerlösen ist erst zu rechnen, wenn die Eintrittsschwelle überschritten ist. Dies ist möglichst schnell anzustreben, denn die bisher getätigten Investitionen warten (einschließlich der laufend anfallenden Zinsen für das investierte Kapital) auf ihre Amortisation. Der ökonomisch schlechteste Fall wäre gegeben, wenn die Eintrittsschwelle in den Medienmarkt nicht erreicht würde. Dann nämlich müßten die bisher vorgenommenen Investitionen ohne Amortisationschance bleiben. Schon eine Verlangsamung des weiteren Netzausbaus stellt die Amortisation in Frage.

Unter dem betriebswirtschaftlichen Aspekt der Amortisation kann die Zeit zwischen dem Beginn des Ausbaus und dem Erreichen der Eintrittsschwelle gar nicht kurz genug sein. Andererseits muß man bedenken, daß die Errichtungsgeschwindigkeit nicht beliebig hoch angesetzt werden kann, denn — wie noch zu zeigen sein wird — bestehen etwa 60 % der Investitionen eines Kabelsystems aus Tiefbauarbeiten. Auch die Planung der Teilnetze, die Produktion der Hardware und die Anwerbung von Teilnehmern, vor allem aber die vom örtlichen Handwerk durchgeführte Hausverkabelung kann nur in relativ engen Grenzen beschleunigt werden. Um so wichtiger ist es festzustellen, daß alle Impulse in Richtung auf eine Verzögerung betriebswirtschaftlich schädlich sind.

Unter diesem Aspekt ist auch die Diskussion um den Übergang von der Kupferkoaxialtechnik zur Glasfasertechnik zu bewerten. Die optische Übertragung von Signalen über Glasfaserkabel stellt ein erhebliches Innovationspotential dar und wird auch heute bereits für die Übertragung von Informationen über weite Strecken eingesetzt. Im Nahbereich wirkt sich jedoch der technische Vorteil der Glasfaserkabel (größerer Verstärkerabstand wegen geringerer Dämpfung) nicht aus. Im Gegenteil werden heute noch aufwendige elektronische Systemelemente benötigt. Der technische Aufwand bei der Endverzweigung eines Breitbandverteilnetzes ist noch auf absehbare Zeit in Glasfasertechnik zu hoch. In der fachlichen Diskussion ist es heute unbestritten, daß zur gegenwärtigen und mittelfristigen Errichtung eines Breitbandverteilnetzes unter wirtschaftlichem Aspekt lediglich die Kupferkoaxialtechnik zur Verfügung steht (Konzept der Deutschen Bundespost, 1984, S. 13; Baur, 1984, S. 249; Arnold, 1984). Die Glasfasertechnik ist jedoch eindeutig für die zukünftige Errichtung eines Breitband-ISDN-Netzes vorgesehen. Dabei handelt es sich um ein Vermittlungsnetz, das bis zur Jahrhundertwende nicht in Konkurrenz zu dem einfachen Breitbandverteilnetz in Koaxialkabel tritt. Das Argument des Abwartens auf die Glasfasertechnologie eignet sich deshalb nicht, um eine Verzögerung der heute notwendigen, zügigen Errichtung eines Breitbandverteilnetzes zu rechtfertigen (Kaiser, 1982, S. 153).

Da der Beginn der Breitbandverkabelung nicht zuletzt durch die seit langem geplanten und in den Jahren 1983 und 1984 gestarteten Nachrichtensatelliten ECS 1 und ECS 2 auch zeitlich zwingend war, ist eine unverzögerte Fortsetzung der Investitionsanstrengungen auch aus diesem Grunde notwendig.

Während der Ausbauzeit (bis zum Erreichen der Eintrittsschwelle) sind die Programmanbieter gezwungen, auf eine Deckung der Programmkosten ganz oder teilweise zu verzichten. Derartige Kostenunterdeckungen in der Öffnungsphase eines neuen Marktes sind als Investitionen zu verstehen. Wenn diese in ihrer Höhe und in ihrer zeitlichen Erstreckung einen Umfang erreichen, der vom finanziellen Potential der Anbieter nicht mehr tragbar ist, dann bricht das Programmangebot zusammen. Hierdurch wiederum wird das Breitbandverteilsystem als Ganzes in seinem Wert entscheidend gemindert und verliert seine Amortisationsfähigkeit.

1.5 Die räumliche Komponente

Während die bisher geführte Diskussion (siehe auch Bericht des Bundesrechnungshofes zur Wirtschaftlichkeit öffentlicher Breitbandverteilnetze vom Juni 1984) der Frage gewidmet war, ob und inwieweit ein flächendeckendes Gesamtnetz für Breitbandverteildienste in der Bundesrepublik Deutschland amortisationsfähig ist, konzentriert sich die hier vorgelegte Untersuchung auf die Errichtung eines Breitbandverteilsystems bis zur Öffnung eines Medienmarktes — also der notwendigen Grundlage für die Einspeisung neuer Fernseh- und Hörfunkprogramme. Nach Überschreiten dieser Eintrittsschwelle kann damit gerechnet werden, daß in der für Marktprozesse typischen Eigendynamik der weitere Ausbau von der Entwicklung der Nachfrage gesteuert wird. Es ist deshalb heute weder nötig noch möglich, einen detaillierten Plan für die Vollversorgung der Bundesrepublik Deutschland zu erarbeiten (siehe auch Kapitel 5).

Da die Errichtung eines Investitionsobjektes zur Einbeziehung von 4,4 Mio. Wohneinheiten ohnehin eine Reihe von Jahren der Bauzeit benötigt, kommt es darauf an, die erste Errichtungsstufe so zu gestalten, daß sie ihren Zweck (Überschreiten der Eintrittsschwelle) voll erreicht, uneingeschränkt amortisationsfähig ist und die folgenden Ausbaustufen fördert — jedenfalls in keiner Weise behindert. Die weitere Entwicklung hängt von dem Voranschreiten der Satellitentechnik ab (siehe Abschnitt 5.3).

Wegen dieser langfristigen Problematik sollte aber nicht die bereits mit hinreichender Klarheit konzipierbare Errichtung eines den Medienmarkt öffnenden Breitbandverteilnetzes unterlassen oder verzögert werden.

Wenn damit deutlich geworden ist, daß der Gegenstand dieser Amortisationsbetrachtung nicht ein die Bundesrepublik als Ganzes abdeckendes Gesamtnetz ist, dann ist zu fragen, nach welchen Kriterien die in der ersten Errichtungsstufe anzustrebenden Einzelnetze konfiguriert und lokalisiert werden. Ohne den weiteren Berechnungen im Kapitel 2 vorzugreifen, soll doch bereits bei der Formulierung der Aufgabenstellung deutlich werden, mit welcher Grundidee eine geeignete Netzkonstruktion zu suchen ist.

Da die neuen und zusätzlichen Programme im wesentlichen über Satelliten geleitet werden, bedürfen die Einzelnetze Satellitenempfangsstellen, die ihrerseits nicht unerhebliche Investitionen verursachen. Je nach der Anzahl der zu empfangenden Kanäle von einem oder mehreren (unter Umständen in verschiedenen Orbitalpositionen befindlichen) Satelliten, je nach Anzahl der einzuspeisenden Programme und der technischen Qualitätsansprüche kann diese zentrale Einrichtung für ein Einzelnetz in der Investitionssumme sehr weitgehend variiert werden. Je größer das Netz ist, d. h. je mehr Wohneinheiten erreicht werden und je höher die Zahlungsbereitschaft der Teilnehmer ist, desto komfortabler kann der Gemeinschaftsempfang gestaltet werden. Dasselbe gilt hinsichtlich des terrestrischen Empfangs, der Richtfunkstrecken und des Studios zur Einspeisung von Lokal- und Regionalprogrammen.

Eine solche Konfiguration führt nicht zu einer einseitigen Bevorzugung von sogenannten Ballungsräumen. Dieser städtebauliche und siedlungspolitische Begriff trifft nicht den Sinn der hier gemeinten Voraussetzungen für die Errichtung eines Einzelnetzes. So würde z. B. für den Ballungsraum Ruhrgebiet kaum zu erwägen sein, ein einziges Netz mit zentraler Empfangsstelle zu errichten. Auch ein solcher Siedlungsraum würde in eine Mehrzahl von Einzelnetzen zu zerlegen sein. Andererseits sind mittlere und kleine Städte mit nur wenigen tausend Einwohnern bereits groß genug, ein Einzelnetz mit Satellitenempfangsantennen zu tragen. Die Entfernung der Kleinstadt zu einem „Ballungsraum" spielt dabei keine Rolle. Denn der Satellit führt prinzipiell zu einer Vollversorgung der Bundesrepublik Deutschland in dem Sinne, daß lokale Netze regional beliebig plaziert werden können.

Damit läßt sich der Gegenstand der Amortisationsuntersuchung wie folgt beschreiben:

Gesucht ist ein Breitbandverteilsystem, das mindestens 4,4 Mio. Haushalte (Wohneinheiten) als Teilnehmer umfaßt und das aus Einzelnetzen besteht, die je für sich groß genug sind, um zentrale Empfangs- und Einspeisevorrichtungen zu tragen.

2. Die Erfüllung der Investitionsaufgabe

Nachdem deutlich geworden ist, worin die Investitionsaufgabe zum Errichten und zum Betreiben eines Breitbandverteilnetzes besteht, ist in dem nun folgenden Kapitel zu prüfen, wie die Investitionsaufgabe erfüllt werden kann. Es wird versucht, möglichst exakte Investitionsbeträge, laufende Kosten und Erlöse zu ermitteln, um sie in Kapitel 3 mit den internationalen Erfahrungen zu vergleichen und in Kapitel 4 in die Amortisationsrechnung einzugeben.

2.1 Investitionen

Unter Investitionen werden hier nicht nur die technische Errichtung von Anlagen und die dazugehörigen Eigenleistungen der Planungs-, Konzipierungs- und Durchführungsinstanzen (aktivierbare Eigenleistungen, die im Zusammenhang mit der Errichtung körperlicher Anlagen stehen) verstanden, sondern auch nichttechnische Investitionen, die das ökonomische Gesamtsystem zu errichten helfen. Hierzu gehört insbesondere die Erschließung des Marktes mit allen informierenden, akquirierenden, Konflikte schlichtenden und Probleme bewältigenden Maßnahmen.

2.1.1 Netz

Die Investition für das Breitbandverteilnetz (von der Bundespost auch BK-Netz genannt) ist auf der einen Seite durch die Kopfstation des Kabelnetzes und auf der anderen Seite durch den Übergabepunkt (an der Grundstücksgrenze oder im Keller eines Gebäudes) begrenzt. Dazwischen liegt die sogenannte Netzebene 3. Die Netzebene 4 besteht aus dem Hausnetz auf privatem Grund[4].

Als Maß für die Höhe der Netzinvestitionen ist es bisher üblich gewesen, den investierten Betrag pro Übergabepunkt zu berechnen. Hier ist der Endpunkt der Leistung der Deutschen Bundespost. Da andererseits die Wohneinheit nach der geltenden Gebührenordnung als Ertragsquelle definiert ist, ist es im Interesse der Gegenüberstellung von Investition, Kosten und Erlösen sinnvoll, die Investition pro Wohneinheit zu betrachten. Als dritte Schlüsselgröße bietet sich die Anzahl der Wohneinheiten pro Übergabepunkt an, denn dadurch können die Investitionen pro Übergabepunkt in Investitionen pro Wohneinheit umgerechnet werden.

Bei Betrachtung der Wohneinheiten muß unterschieden werden zwischen

— vorhandenen Wohneinheiten,
— anschließbaren Wohneinheiten,
— angeschlossenen Wohneinheiten.

Als vorhandene Wohneinheiten werden sämtliche in einem geographischen Gebiet existierenden Wohneinheiten (Haushalte) verstanden. Sie repräsentieren die Gesamtbevölkerung, die als Bezugsgröße zur Messung des bereits erreichten Verbreitungsumfangs des Kabelfernsehens herangezogen wird.

Als anschließbare Wohneinheiten werden diejenigen Wohneinheiten verstanden, die bereits durch ein am Haus vorbeigeführtes Breitbandkabel versorgt sind (in Amerika homes passed genannt), denen also eine Anschlußmöglichkeit bereitgestellt wurde.

Unter angeschlossenen Wohneinheiten werden diejenigen Wohneinheiten verstanden, die sich tatsächlich an ein Breitbandnetz angeschlossen haben und die dafür anfallenden Entgelte zahlen (in Amerika subscriber genannt).

Das Verhältnis zwischen vorhandenen Wohneinheiten und anschließbaren Wohneinheiten wird bei der Deutschen Bundespost Versorgungsgrad genannt.

Das Verhältnis zwischen anschließbaren Wohneinheiten und angeschlossenen Wohneinheiten wird Anschlußdichte genannt.

Zu der Höhe der Investition pro Übergabepunkt kann auf das Zahlenwerk zurückgegriffen werden, das im Bericht des Bundesrechnungshofs vom Juni 1984 belegt ist. Ergänzend wird die Stellungnahme der Bundespost (ausgewiesen als Anlage 10 zum Bericht des Bundesrechnungshofs) herangezogen. Da der Rechnungshof als Kalkulationsobjekt ein flächendeckendes Netz (95 %) der Bundesrepublik Deutschland wählt und die Bundespost immerhin noch auf einen großflächigen Netzausbau (80 % der vorhandenen Wohneinheiten) abstellt, in der vorliegenden Untersuchung dagegen alle Berechnungen auf Einzelnetze bezogen sind, die zur Öffnung des Medienmarktes 20 % der Fernsehhaushalte erreichen, ergeben sich in der Argumentation und Kalkulation zwangsläufig Unterschiede. Um die Brükke zwischen den Zahlenwerken zu schlagen, müssen die folgenden Berechnungsschritte belegt werden.

a) Ausgehend von den Prüfungsergebnissen des Bundesrechnungshofs (Anlage 7, S. 13) ist von Investitionsbeträgen in Höhe von DM 1.801,— (Stadtkernbebauung), DM 2.112,— (Stadtrandbebauung) und DM 2.220,— (ländliche Bebauung) auszugehen. Da zum Erreichen der Eintrittsschwelle als Voraussetzung der Amortisationsfähigkeit die zu errichtenden Einzelnetze vor allem in Gebieten mit Stadtkernbebauung und nur teilweise mit Stadtrandbebauung, nicht jedoch mit ausgeprägt ländlicher Bebauung lokalisiert werden, ist der Investitionsbetrag von DM 2.220,— unberücksichtigt zu lassen. Dasselbe könnte für Teile der Stadtrandbebauung gelten. Im Interesse einer vorsichtigen Berechnung wird der Betrag von DM 2.112,— jedoch mit seinem vollen Anteil berücksichtigt. Da im Bericht des Bundesrechnungshofs Stadtkern und Stadtrand gleichgewichtig ausgewiesen werden, kann mit dem Mittelwert von DM 1.801,— und DM 2.112,— weitergerechnet werden: DM 1.957,—.

b) In diesem Ausgangswert für die Investitionsrechnung sind Personalkosten der Deutschen Bundespost als zu aktivierende Eigenleistungen (einschließlich Gemeinkostenzuschlag) enthalten. Über die Höhe dieses Betrages fand eine fachliche Diskussion zwischen der Bundespost und dem Rechnungshof statt. Die beiderseitigen Argumente sind im Bericht des Rechnungshofs und in dem Anlagenband detailliert ausgewiesen. In Anlage 7, S. 13, ist für die zu aktivierenden Eigenleistungen ein Betrag von DM 664,— genannt. Er fußt auf einer Berechnung der Personalkosten, die der Bundespost für Ingenieurleistungen (DM 149,—) und für ausführende Kräfte (DM 166,—) erwachsen, also insgesamt DM 315,— pro Übergabepunkt. Dieser Betrag ist zwischen Bundespost und Rechnungshof nicht mehr umstritten. Dagegen bestehen unterschiedliche Ansichten über die Höhe eines Zuschlags für Gemeinkosten auf diesen Betrag (Bundespost: 59 %, Rechnungshof: 111 %). Der Zuschlagssatz von 59 % führt zu einem vorsichtigeren Ansatz und ist geltende Aktivierungspraxis der Bundespost. Ohne die Unterschiede der Standpunkte an dieser Stelle würdigen zu können, wird im folgenden von der vorsichtigeren Aktivierung, also von einem Gemeinkostenzuschlag von 59 % ausgegangen, wobei allerdings im Auge zu behalten ist, daß die nichtaktivierten Gemeinkosten nun Bestandteil der Betriebskosten werden. Damit ergeben sich zu aktivierende Eigenleistungen pro Übergabepunkt in Höhe von DM 315,— + 59 % = DM 501,—.

c) Die Personalkosten für Ingenieurleistungen und für ausführende Kräfte wurden vom Rechnungshof aus den Erfahrungen bereits errichteter Netze ermittelt. Da diese Netze noch weiter ausbaufähig sind und im Vollzug der Ausbaumaßnahmen nicht erneut in voller Höhe dieselben Personalkosten für Ingenieurleistungen und ausführende Arbeiten auslösen, multipliziert der Rechnungshof die zu aktivierenden Eigenleistungen mit einem sogenannten Verdichtungsfaktor in Höhe von (durchschnittlich) 0,839. Dieser Faktor verringert die zu aktivierenden Eigenleistungen von DM 501,— auf DM 420,—.

d) Die vorstehend ermittelten Kosten würden zum Teil auch dann entstehen, wenn die Deutsche Bundespost keine BK-Netze errichten würde. Es handelt sich nach Ansicht der Bundespost um Fixkosten, die unabhängig von Art und Menge der erbrachten Dienstleistungen anfallen. Die Bundespost beziffert diesen Fixkostenanteil mit 30 % und weist darauf hin, daß ein solcher Ansatz bereits als vorsichtig zu bezeichnen ist. Ohne auf die Höhe des Prozentsatzes eingehen zu können, ist aus der übereinstimmenden wissenschaftlichen Ansicht für entscheidungsbezogene Rechnungen, aus denen Investitionen, innovative Leistungen und Preisberechnungen hervorgehen sollen, mit dem Denkansatz der Teilkostenrechnung (und nicht der Vollkostenrechnung) zu arbeiten. Wenn man innovativen Maßnahmen den vollen Ballast der bereits bestehenden Personal- und Gemeinkosten, die von früheren Maßnahmen verursacht worden sind, zurechnen wollte, dann entstünde eine fortschrittsfeindliche Berechnung. Dem Berechnungsgrundsatz der Deutschen Bundespost ist in diesem Sinn also uneingeschränkt zuzustimmen. Damit verringern sich die zu aktivierenden Eigenleistungen pro Übergabepunkt von DM 420,— (./. 30 %) auf DM 294,—.

e) In dem unter a) ausgewiesenen Investitionswert von DM 1.957,— sind im Bericht des Rechnungshofs DM 557,— (DM 664,— x Verdichtungsfaktor 0,839) enthalten. Nach den Berechnungsschritten b) bis d) sind jedoch nur Eigenleistungen in Höhe von DM 294,— anzusetzen. Die Differenz von DM 263,— ist also von dem Ausgangsbetrag DM 1.957,— abzuziehen. Es ergeben sich DM 1.694,— als Investition pro Übergabepunkt.

f) Schließlich ist der sogenannte „Beilauf" zu berücksichtigen. Es handelt sich um die Möglichkeit, die Errichtung von BK-Netzen mit anderen Bauvorhaben ausgabensenkend zu verbinden. Nach vorsichtigen Schätzungen nimmt der Rechnungshof hierfür einen Abschlag vor, der davon ausgeht, daß 20 % der Bauvorhaben mit Beilauf stattfinden. Der Rechnungshof rechnet (im Mittel zwischen Stadtkern und Stadtrand) mit einer Ermäßigung der Investitionssumme von 4,41 %. Damit errechnet sich abschließend die Investitionssumme pro Übergabepunkt: DM 1.694,— ./. 4,41 % = DM 1.619,—, also rund DM 1.620,—.

Die Berechnung der Investition wurde unter Heranziehung der empirisch belegten Zahlen der Bundespost und des Rechnungshofes durchgeführt. Der ermittelte Betrag folgt weitgehend dem Anspruch der Vollkostendekkung. Lediglich die Fixkosten für Ingenieurleistungen und ausführende Kräfte wurden zu Teilkosten (70 % von DM 420,— = DM 294,—) übernommen, um nicht Beträge, die von allen Fernmeldediensten insgesamt verursacht werden, in voller Höhe einem erst noch im Aufbau befindlichen neuen Dienst zuzurechnen. Der Betrag ist nur scheinbar niedriger als das Berechnungsergebnis des Bundesrechnungshofs (Bundesrechnungshof, 1984, Anlage 7, S. 13). Zwar wurden, wie bereits dargelegt, die Zahlen der ländlichen Bebauung ausgesondert und die zu aktivierenden Eigenleistungen aus den nachgewiesenen Gründen gekürzt. Dafür aber erhöht sich in den folgenden Berechnungen der Investitionsbetrag um die gesondert (zusätzlich) berücksichtigten Investitionen für die (terrestrischen) Rundfunkempfangsstellen, die Satellitenantennen und die BK-Verstärkerstellen. Die BK-Verbindungslinien zwischen einzelnen Netzen entfallen, wenn die Versorgung der Einzelnetze autonom über Satellitenantennen erfolgt. Zusätzlich werden in der folgenden Berechnung die nichttechnischen Investitionen für das Marketing (siehe Abschnitt 2.1.3) berücksichtigt.

Dieses neuartige Berechnungsschema ist notwendig, weil inzwischen die Satelliten einsatzfähig geworden sind, die zentralen Einrichtungen in Abhängigkeit von der Größe der Einzelnetze unterschiedlich amortisationsfähig sind und die Verwaltungskosten nicht (wie bei Investitionen) bereits bei der Errichtung, sondern erst im Verlauf des Betreibens der Netze anfallen. Insgesamt ist der Investitionsbetrag von DM 1.620,— (ohne zentrale Einrichtungen und nichttechnische Investitionen) eher vorsichtig (also nicht zu niedrig) angesetzt.

Allerdings handelt es sich um einen Durchschnittswert, der bei den verschiedenen Bauvorhaben unterschiedlicher Größe, differenziertem Baugrund, Siedlungsstruktur und Kombinationsfähigkeit mit anderen fernmeldetechnischen Vorhaben im tatsächlichen Investitionsvolumen stark streut. Dies ist überzeugend belegt worden von dem Untersuchungsergebnis der Projektgruppe „Vorgaben für BK-Netzausbau“ (Juni 1984) und von einer Vorkalkulation der KABELCOM, Braunschweig (März 1984).

Entsprechend der zeitlichen Planung des Einzelnetzes in Braunschweig wird von einem Baufortschritt ausgegangen, der bis zum Ende des ersten Jahres drei Viertel und bis zum Ende des zweiten Jahres die restlichen Wohneinheiten anschließbar stellt. Diese rechnerische Annahme mag bei größeren Netzen in der Praxis nicht immer erfüllbar sein: Bei längerer Errichtungsdauer erstreckt sich der Mitteleinsatz auf mehrere Jahre, was die Anfangsbelastung vermindert. Allerdings verzögert sich wegen verspäteten Erreichens des Anschlußziels auch der Zufluß von Einnahmen, so daß sich die Verzögerungen auf der Ausgaben- und Einnahmenseite tendenziell ausgleichen.

Nach den vorliegenden Erfahrungen ist als bedeutende Einflußgröße die Systematik der Bauplanung und der daraufhin mögliche Abschluß langfristiger Verträge mit den Tiefbaufirmen zu nennen. Diese Variable führt zu kräftigen Senkungen der Investition und ist insbesondere deshalb so vorteilhaft, weil sie bei jeder (auch widriger) Bodenbeschaffenheit und allen städtebaulichen Verhältnissen anwendbar ist. Die Vertragsfirmen brauchen die Sicherheit längerfristiger Aufträge, um ihre eigene Investitionspolitik (Beschaffung von Tiefbaumaschinen) daran orientieren zu können. Erst dann sind sie in der Lage, mit günstigen Baukosten zu operieren. Es ist empfehlenswert, nicht jedes einzelne Bauvorhaben, sondern eine Mehrzahl miteinander verwandter und räumlich benachbarter Bauvorhaben gemeinsam zu planen, auszuschreiben und zu verwirklichen.

Eine Einflußvariable auf die Höhe der Investition, die mit dem Faktor 10 (verbilligend bzw. verteuernd) wirkt, ist der Unterschied, ob ein Kabel in ein bereits vorhandenes Leerrohr (aus einem früheren Bauvorhaben des Fernmeldewesens) eingezogen werden kann oder ob eine eigene Tiefbaumaßnahme notwendig ist. Da zur Zeit noch erhebliche Reserven an Leerrohren (bis zu 50 %) existieren, kann auch weiterhin mit investitionssenkendem „Beilauf“ gerechnet werden.

Mit dem Verteuerungs-(Verbilligungs-)faktor 3 wirkt die Bodenbeschaffenheit auf die Höhe der Investition ein. Wenn z. B. bei „normalem Boden“ für den m^3 Erdaushub ca. DM 67,— und für „leichten Fels“ ca. DM 135,— benötigt werden, wächst dieser Betrag bei „schwerem Fels“ auf ca. DM 190,— an. Hier wird der Faktor 3 plastisch erkennbar. Auch bei anderen absoluten Beträgen hat sich dieser Multiplikator wiederholt gezeigt[5].

Von der Bodenbeschaffenheit hängt auch die Wahl des Tiefbaugerätes ab. Während ein Löffelbagger 40 Streckenmeter pro Stunde bewältigt, erreicht ein Grabenpflug 200 Streckenmeter pro Stunde. Der Grabenpflug setzt jedoch leichten Boden und ländliche Besiedlungsstrukturen voraus.

Nach den vorliegenden internationalen Erfahrungen (siehe Kapitel 3) darf damit gerechnet werden, daß mit fortschreitender Erfahrung, langfristiger Planung und Ausnutzung aller technischen Möglichkeiten das Investitionsvolumen eine sinkende Tendenz aufweist. Dem steht andererseits entgegen, daß mit dem weiteren Ausbau der Einzelnetze auch dünner besiedelte Gebiete und damit höhere Investitionen pro Übergabepunkt einbezogen werden. Es ist heute noch nicht exakt abschätzbar, ob sich die kostensenkende und die kostensteigernde Tendenz gegenseitig aufheben, so daß die heutige Berechnungsgrundlage sogar mittelfristig Bestand haben kann.

2.1.2 Zentrale Einrichtungen

Nachdem im vorstehenden Abschnitt die Investitionen für das eigentliche Breitbandkabelnetz behandelt worden sind, richtet sich das Augenmerk nunmehr auf die zentralen Einrichtungen, die zum Empfang von Fernseh- und Hörfunksignalen notwendig sind und die mit dem Kabelverteilnetz verbunden sind. Dabei ist zu unterscheiden, ob die zentrale Einrichtung ein terrestrisch ausgestrahltes Signal (wie bei dem traditionellen Fernsehen und Hörfunk) oder ein Satellitensignal empfängt.

2.1.2.1 Rundfunkempfangsstelle

An erster Stelle sind hier Antennen zu nennen, die geeignet sind, die ortsmöglichen Fernseh- und Hörfunkprogramme zu empfangen. Diese Technik verfügt über eine lange Tradition, ist ausgereift und in ihrem Investitionsvolumen bekannt. Eine professionelle Rundfunkempfangsstelle, die in der Lage ist, alle ortsmöglichen Fernseh- und Hörfunkprogramme zu empfangen, löst ein Investitionsvolumen von DM 391.000,— (inkl. BK-Verstärkerstelle) aus. Eine solche Anlage, die den Anforderungen der Deutschen Bundespost nach dem Pflichtenheft 15, Pfl. 3, entspricht, ist für sehr große Kabelnetze (Versorgungsgebiet bis ca. 80 km^2) geeignet. Die Begrenzung in der Fläche wird im Grunde nicht durch die Rundfunkempfangsstelle, sondern durch die Kabellänge und die Anzahl der Verstärker verursacht.

Für kleinere Netze (von wenigen tausend Teilnehmern) ist eine semiprofessionelle Rundfunkempfangsstelle hinreichend. Die Anforderungen der Deutschen Bundespost an eine solche semiprofessionelle Kopfstelle sind im Pflichtenheft 15, Pfl. 4, definiert. Als Investitionssumme ergibt sich hier ein Betrag von ca. DM 50.000,— für den Empfang von 5 Fernseh- und den ortsmöglichen Hörfunkprogrammen.

Im technischen Sinne „unterhalb“ der semiprofessionellen Kopfstelle liegen Antennen für private Gemeinschaftsantennenanlagen, die in der Empfangsqualität durchaus akzeptabel sind, aber eben nur Hausnetze versorgen. Die Investition für eine solche Kopfstelle bewegt sich für eine größere Gemeinschaftsantennenanlage um einen Betrag von DM 25.000,—. Für die breitere Versorgung durch die Deutsche Bundespost ist eine Zulassung derartiger Einrichtungen nach Pflichtenheft nicht vorgesehen.

Zu den zuletzt genannten Investitionssummen tritt die Investition für die BK-Verstärkerstelle. Falls die Rundfunkantenne nur ein Netz versorgt, reicht eine solche Verstärkerstelle (Einspeisestelle) aus. Falls von der Antenne jedoch mehrere Einzelnetze versorgt werden, benötigt jedes dieser Netze eine eigene Verstärkerstelle (Investition je DM 17.000,—).

Für den Fall der Versorgung mehrerer Einzelnetze von einer Rundfunkempfangsstelle sind Breitbandkabel-Verbindungslinien notwendig. Die Investition für einen Streckenkilometer beträgt DM 36.000,—.

Ein weiterer Schritt zur Verknüpfung von Einzelnetzen kann darin bestehen, von der Rundfunkempfangsstelle aus über Richtfunkstrecken bis zu 9 BK-Verstärkerstellen zu versorgen und von dort aus wiederum über BK-Verbindungslinien kleinere Einzelnetze zu erreichen. Als Investition für eine solche Konfiguration von Richtfunkstrecken ist pro BK-Verstärkerstelle ein Betrag von DM 236.000,— zu investieren (DM 162.000,— auf der Sendeseite und DM 74.000,— auf der Empfangsseite). Diese Beträge gelten wohlgemerkt nur, wenn das Richtfunkstreckensystem, das von einer Rundfunkempfangsstelle bedient wird, tatsächlich 9 BK-Verstärkerstellen versorgt. Falls weniger Stellen versorgt werden, erhöhen sich die anteiligen Investitionsbeträge (wegen ungünstigerer Verteilung der Investition auf der Senderseite).

Abgesehen von der relativ engen Begrenzung einer solchen Konstruktion hinsichtlich der Flächenausdehnung ist festzustellen, daß die Investition pro Einzelnetz in Höhe von DM 236.000,— zwar niedriger ist als die autonome Versorgung durch eine eigene Rundfunkempfangsstelle (DM 391.000,—). Da es sich jedoch um relativ kleine Einzelnetze handelt, ist der Vergleich zur vollprofessionellen Rundfunkempfangsstelle in vielen Fällen nicht sinnvoll. Wenn man das Investitionsvolumen von DM 236.000,— pro BK-Verstärkerstelle mit einer semiprofessionellen Rundfunkempfangsstelle (Investition ca. DM 50.000,—) vergleicht, dann empfiehlt sich eher die autonome Versorgung kleinerer Einzelnetze über eigene Antennen als über ein technisch komplexes Richtfunk- und Verbindungsliniensystem.

Diese Einsicht gilt auch noch dann, wenn die semiprofessionelle Anlage statt der bisher üblichen 5 Fernsehprogramme und einer entsprechenden Anzahl ortsmöglicher Hörfunkprogramme bis auf den vollen Standard von 12 Fernsehprogrammen und entsprechend mehr Hörfunkprogrammen ausgebaut werden soll. Dann nämlich ergeben sich für eine leistungsfähige semiprofessionelle Anlage Investitionen von ca. DM 70.000,— (Quelle: Telebild, Wien). Je nach den örtlichen Empfangsbedingungen wird ein Einzelnetz eine semiprofessionelle Anlage im Investitionswert von DM 50.000,— oder von DM 70.000,— benötigen, in jedem Falle allerdings zusätzlich DM 17.000,— für die Verstärkerstelle. Für die weiteren Berechnungen wird für kleinere Einzelnetze eine Investition von durchschnittlich DM 80.000,— für den terrestrischen Fernseh- und Hörfunkempfang berücksichtigt. Die vollprofessionelle Anlage im Investitionswert von DM 391.000,— wird für Einzelnetze von 25.000 und mehr anschließbaren Wohneinheiten und im Interesse des Vergleichs mit einer semiprofessionellen Ausrüstung auch für Netze mit 10.000 anschließbaren Wohneinheiten angesetzt.

Der Einsatz von Richtfunkstrecken könnte allerdings positiver zu beurteilen sein, wenn damit die Heranführung von weiteren Programmen realisiert wird. Dann jedoch darf sich der kalkulatorische Vergleich der Investitionssummen nicht zwischen einer eigenen Rundfunkempfangsstelle und dem Richtfunksystem bewegen, sondern muß den Vergleich zur Heranführung von Programmen über Satelliten einbeziehen.

2.1.2.2 Satellitenantennen

Die Betrachtung der Investitionen für den Satellitenempfang beginnt an der Empfangsantenne, die zu den zentralen Einrichtungen des Einzelnetzes gehört und von der aus das Signal in das Breitbandkabelnetz eingespeist wird. Sowohl die Bodensendestelle und der Weg zum Satellit (uplink) als auch der Satellit selbst und der Weg zur Bodenempfangsantenne (downlink) sind keine in die Kalkulation des Breitbandkabelnetzes einzubeziehenden Investitionen. Nach internationaler Gepflogenheit und auch nach der sich abzeichnenden Handhabung in der Bundesrepublik Deutschland wird die Nutzung eines Satellitenkanals (einschließlich des Uplink- und des Downlink-Weges) von den Programmanbietern getragen. Die Investitionen und laufenden Kosten sind also bei der Amortisationsrechnung über das Breitbandkabelnetz nicht zu berücksichtigen. Dagegen müssen sowohl die Investition als auch die laufenden Kosten für die Satellitenantenne in die hier vorzunehmende Amortisationsrechnung eingehen.

Nachrichtensatellitenantenne

Abgesehen von Erprobungssatelliten (z. B. OTS), die nicht in eine operative Phase eingetreten sind und dafür auch nicht vorgesehen waren, ist als Nachrichtensatellit, der zur Übertragung von Fernseh- und Hörfunkprogrammen geeignet und bestimmt ist, heute der European Communications Satellite (ECS) zu betrachten. Hierauf hat sich die Amortisationsrechnung der Nachrichtensatellitenantenne und des daran anschließenden Verteilsystems zu beziehen. Weitere Satellitenprojekte (Intelsat V, Kopernikus) sind analog der ECS-Rechnung später in die Amortisationsbetrachtung einzubeziehen, wenn Programmanbieter bereit sind, die Kanäle zu nutzen und es daraufhin sinnvoll wird, Satellitenantennen an den Einspeisepunkten der Kabelnetze zu installieren. Deren Investitionen werden es leichter haben, sich zu amortisieren, als dies bei ECS der Fall ist, denn im ersten Schritt der Nutzung von Nachrichtensatelliten ist auch die Amortisation des Kabelnetzes einzubeziehen. Falls das Programmangebot über ECS von der Bevölkerung angenommen wird und die verfügbare Anzahl der Übertragungskanäle nicht ausreicht, die Nachfrage zu befriedigen, haben die als nächste in Aussicht genommenen Nachrichtensatelliten eine Chance, den Medienmarkt zu bereichern.

Im folgenden wird die Investition für eine Nachrichtensatellitenantenne berechnet. Die Bundespost spricht in diesem Zusammenhang von einer Empfangserdefunkstelle (EEFuSt). Die Höhe der Investition ist von der Anzahl der zu nutzenden Kanäle, deren Anordnung auf den beiden Polarisationsebenen und der Codierung des übertragenen Signals abhängig. Wenn z. B. (wie zur Zeit diskutiert wird) die beiden deutschsprachigen Fernsehprogramme 3-Sat und SAT 1 und zusätzlich zwei weitere Programme auf ECS-Kanälen anderer Länder (z. B. Großbritannien und Schweiz) empfangen werden sollen, dann ergeben sich die folgenden Investitionen:

Außeneinheit:		
Fundament	DM 15.000,—	
Parabolantenne ∅ 3,7 m	DM 13.500,—	
2 Low Noise Converter (LNC)	DM 11.000,—	
Heizung	DM 6.000,—	
Sonstiges Material	DM 850,—	DM 46.350,—
Inneneinheit:		
19-Zoll-Schrank	DM 3.500,—	
2 Vierfachverteiler	DM 7.600,—	
2 Stromversorgungseinheiten	DM 3.600,—	
4 Kanalselektionseinheiten (Demodulation)	DM 13.200,—	DM 27.900,—

Tonübertragungsverfahren:		
Stereodecoder für 3-Sat	DM 13.000,—	
Monodecoder für Sky Channel	DM 5.000,—	
Stereodemodulator für SAT 1	DM 5.000,—	
Stereodemodulator für 4. Kanal	DM 5.000,—	DM 28.000,—
Modulatoren:		
4 x DM 25.000,—		DM 100.000,—
		DM 202.250,—

In der Aufstellung ist davon ausgegangen worden, daß beide Polarisationsebenen genutzt werden müssen. Die Besonderheiten der verschiedenen Programme wirken sich vor allem im Tonübertragungsverfahren aus.

Da sich die Satellitenantennentechnik in schneller technischer und ökonomischer Entwicklung befindet, sind die Investitionszahlen für die einzelnen Elemente der Anlage nicht in der angegebenen DM-Genauigkeit zu verstehen. Wenn dennoch in der Addition auf 100-DM-Beträge genau gerechnet wird, so geschieht dies nur, um nicht durch grobe Auf- und Abrundungen bei den Einzelposten die ohnehin große Toleranzbreite noch zu erhöhen.

Bei dieser für den Empfang von ECS-Signalen von der Bundespost vorgesehenen professionellen Satellitenantenne sind alle Elemente mit hohem technischen Anspruch, geringer Witterungsempfindlichkeit und zuverlässiger Eignung für extrem störungsfreien Dauerbetrieb ausgestattet (Parabolantenne im Durchmesser von 3,7 m, Heizung der Außeneinheit, zwei Stromversorgungseinheiten, hochleistungsfähige Decodierung, Stereoton, teure Modulatoren). Solche Anlagen, die von der Deutschen Bundespost zur Ausrüstung von 600 Kopfstationen bundesweit vorgesehen sind, sind für große Einzelnetze sinnvoll und wirtschaftlich (siehe Amortisationsrechnung in Kapitel 4). Je größer die Anzahl der angeschlossenen Wohneinheiten, desto anspruchsvoller kann die zentrale Einrichtung ausgestattet sein, ohne die Amortisationsfähigkeit zu beeinträchtigen.

Für kleine Einzelnetze und Gebäude mit autonomer Gemeinschaftsantennenanlage sind sogenannte Low-Cost-Antennen für den Empfang von Nachrichtensatellitensignalen in die Betrachtung einzubeziehen. Nach Ermittlungen von Telebild, Wien, kann die Investition einer solchen Nachrichtensatellitenantenne auf ca. DM 78.000,—, bei geringeren Ansprüchen noch weiter herabgedrückt werden. Die Höhe der Investitionen für eine solche semiprofessionelle Nachrichtensatellitenantenne, die zum Empfang von 4 Fernsehkanälen über den ECS geeignet ist, ergibt sich aus der folgenden Aufstellung:

Parabolantenne (2,4—3 m ∅), 2 × LNC, 4 × Inneneinheit, Montage, Demodulierung des Bildsignals		DM 43.000,—
Tonübertragungsverfahren:		
Stereodecoder für 3-Sat	DM 13.000,—	
Decoder für Sky Channel	DM 5.000,—	
2 Demodulatoren für den 3. und 4. Kanal	DM 5.000,—	DM 23.000,—
Modulatoren:		
4 × DM 3.000,—		DM 12.000,—
		DM 78.000,—

Im normalen Nutzungsbetrieb wird der Teilnehmer den Unterschied in der Empfangsqualität einer professionellen und einer semiprofessionellen Nachrichtensatellitenantenne nicht bemerken können. Allerdings fehlt (außer für das 3-Sat-Programm) der Stereoton. Auch muß mit einigen Minuten Empfangsstörung pro Jahr aufgrund von Witterungseinflüssen (fehlende Heizung) gerechnet werden und die Befestigung der Antenne (wegen des fehlenden aufwendigen Fundaments) regelmäßig überprüft und in der Ausrichtung auf den Satelliten eventuell korrigiert werden. Derartige Einschränkungen in der technischen Qualität der Anlage sind international gebräuchlich, haben sich bewährt und sind unvermeidbar, wenn man kleinere Einzelnetze am Satellitenempfang teilnehmen lassen will, denn die Zuführung von Programmen aus benachbarten Netzen mit komfortableren Satellitenantennen verursacht höhere Investitionen und Kosten (vgl. Abschnitt 2.1.2.1).

Aus Vergleichsgründen sei erwähnt, daß die österreichische Postverwaltung derzeit mit Investitionen für professionelle ECS-Antennen in Höhe von öS 1.100.000,— rechnet, d. s. DM 157.000,—. Verglichen mit oben erwähnten DM 202.000,— und DM 78.000,— läßt sich erkennen, daß die Ansprüche an Betriebssicherheit und Bedienungskomfort offensichtlich das Preisniveau stark beeinflussen.

Die Fernseh- und Hörfunkversorgung durch den ECS kann über die genannten 4 Kanäle hinaus erweitert werden, indem zusätzliche ECS-Kanäle mit fremdsprachigen Programmen (z. B. das französischsprachige TV-5-Programm) einbezogen und dazu die nötigen technischen Erweiterungen an der Satellitenantenne installiert werden. Als nächste Ausbaustufe bietet sich die Einbeziehung des Intelsat V an. Die Deutsche Bundespost hat 6 Breitbandkanäle zur Fernsehübertragung von Intelsat angemietet und bietet diese Übertragungsmöglichkeiten ab 1. Januar 1985 den potentiellen Programmveranstaltern an. Wenn man demgemäß zu den Kanälen des ECS weitere 6 Kanäle des Intelsat belegt und in die Kabelnetze einspeist, dann ist bereits eine bemerkenswerte Medienvielfalt realisiert. Allerdings benötigt man dann eine zweite Satellitenantenne, denn der Intelsat V steht in einer Orbitalposition von 57° Ost, während ECS 1 in 13° Ost steht.

Eine für Intelsat geeignete Antenne benötigt sämtliche Elemente wie eine ECS-Antenne und erreicht auch eine vergleichbare Empfangsqualität beim Teilnehmer (wie der Westbeam von ECS). Auch die Investition für die Intelsat-Antenne hängt von der Anzahl der genutzten Kanäle (bis zu 6) ab. Falls sämtliche 6 Fernsehkanäle übertragen werden sollen, ergeben sich für eine professionelle Nachrichtensatellitenantenne die folgenden Investitionsbeträge:

Außeneinheit:		DM 46.350,—
Inneneinheit:		
19-Zoll-Schrank	DM 3.500,—	
2 Vierfachverteiler	DM 7.600,—	
2 Stromversorgungseinheiten	DM 3.600,—	
6 Kanalselektionseinheiten (Demodulation)	DM 19.800,—	DM 34.500,—
Pro Kanal 1 Demodulator à DM 5.000,— = 6 × DM 5.000,—		DM 30.000,—
Modulatoren: 6 × DM 25.000,—		DM 150.000,—
		DM 260.850,—

Zum Empfang von Intelsat-Signalen kann — wie beim ECS-Signal — eine semiprofessionelle (Low-Cost)-Satellitenantenne eingesetzt werden. Diese eignet sich insbesondere für kleinere Netze. Allerdings kann auch sie 6 Fernsehkanäle von Intelsat empfangen. Es ergeben sich im einzelnen die folgenden Investitionsbeträge (Quelle: Telebild, Wien):

Parabolantenne (2,4—3 m ∅), 2 × LNC, 6 × Inneneinheit, Montage, Demodulierung des Bildsignals	DM 50.000,—
6 Demodulatoren à DM 2.500,—	DM 15.000,—
6 Modulatoren à DM 3.000,—	DM 18.000,—
	DM 83.000,—

Während bei der Investitionsberechnung zu den ECS-Antennen bereits konkrete Annahmen über die Programmanbieter (z. B. 3-Sat, SAT 1, Sky Channel) vorliegen und die Anforderungen an das Tonübertragungsverfahren bereits bekannt sind, ist dies — wegen des noch ungeklärten Programmangebots über den Intelsat V — hier noch nicht möglich. Es muß deshalb damit gerechnet werden, daß die Demodulatoren je nach Art des angelieferten Signals etwas höhere Investitionsbeträge auslösen.

Wie aus vorstehenden Berechnungen ersichtlich ist, hängen die Investitionen für eine Nachrichtensatellitenantenne vor allem von der Anzahl der empfangenen und umgesetzten Programmkanäle ab. Abbildung 2 veranschaulicht diesen Zusammenhang.

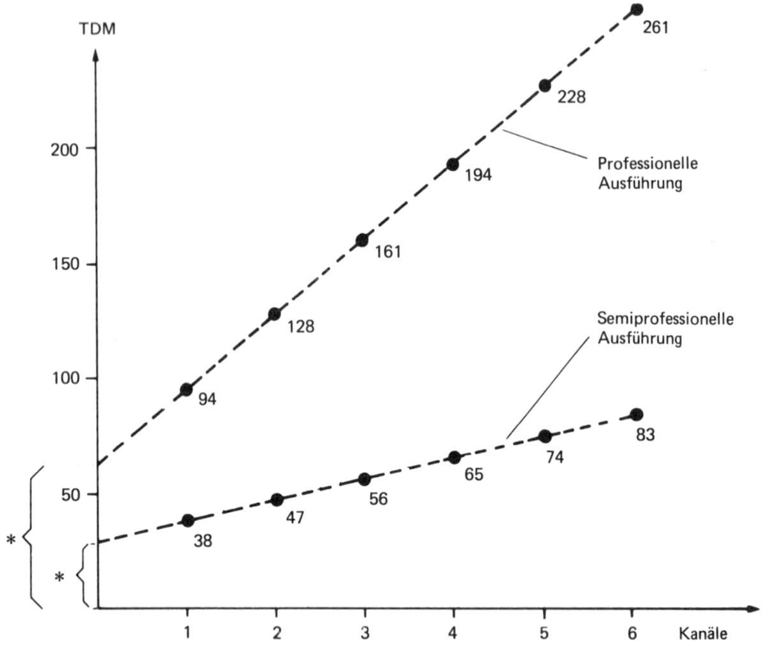

Abbildung 2: Höhe der Investition für eine Nachrichtensatellitenantenne in Abhängigkeit von der Anzahl der empfangenen Kanäle (geeignet für ECS-1 und Intelsat V)

Anmerkung: Berücksichtigt ist nur je ein Tondemodulator/Kanal in Höhe von DM 5.000,— (professionell) bzw. DM 2.500,— (semiprofessionell).

* Von der Anzahl der Kanäle unabhängiger Investitionsteil

Direktsatellitenantenne

Während die genannten Investitionsbeträge für Antennenanlagen auf Nachrichtensatelliten bezogen sind, wird im folgenden ein vorausschauender Blick auf die 1987/88 einsatzfähigen Direktsatelliten geworfen. Da diese Satelliten im Vergleich zu Nachrichtensatelliten (ca. 20 W Transponderleistung) über eine Transponderleistung von ca. 240 W verfügen, reichen kleinere und technisch weniger aufwendige Direktsatellitenantennen aus, um das Signal zu empfangen. Der echte Individualempfang für ein einzelnes Haus oder wenige Wohneinheiten innerhalb eines Hauses wird möglich. Der vorgesehene deutsche TV-Sat 1 und der französische Schwestersatellit

TDF 1 verfügen je über 4 Breitbandkanäle; davon sind auf dem französischen Satelliten 4, auf dem deutschen 3 für die Übertragung von Fernsehprogrammen vorgesehen (auf dem TV-Sat 1 ist ein Kanal für digitalen Hörfunk reserviert). TV-Sat 2 und TDF 2 werden über je einen zusätzlichen TV-Kanal verfügen.

Eine Direktsatellitenantenne für echten Individualempfang von 4 Fernsehprogrammen (davon eventuell 3 Fernsehprogramme über TV-Sat und ein Fernsehkanal über TDF) verursacht nach den heute möglichen Abschätzungen (Quelle: Telebild, Wien) eine Investition von ca. DM 2.500,—.

Im einzelnen ergeben sich die folgenden Investitionsbeträge:

Parabolantenne ∅ 0,6 m	DM 200,—
Erregersystem, Halterung etc.	DM 200,—
2 Low Noise Converter (LNC)	DM 1.000,—
Demodulator/Modulator	DM 800,—
Montage	DM 300,—
	DM 2.500,—

Bei Produktion großer Stückzahlen und einer entsprechenden Annahme durch die Bevölkerung erwartet Telebild, Wien, daß die Investition für eine Antenne mit Montage auf ca. DM 2.000,— sinkt. Andere Schätzungen greifen noch tiefer, gehen allerdings auch von einer geringeren Anzahl von Programmen und nur einer Polarisationsebene aus (Müller-Römer, 1984; Kabel/Strätling, Sender Freies Berlin, 1984, S. 17).

Entgegen einer weitverbreiteten Ansicht ist eine solche Individualantenne nicht geeignet, das Signal in Gemeinschaftsantennenanlagen einzuspeisen. In diesem Fall nämlich bedarf es — wie bei Nachrichtensatellitenantennen — für jeden Fernsehkanal einer gesonderten Signalaufbereitung, damit die angeschlossenen Teilnehmer unterschiedliche Programme gleichzeitig anwählen können, außerdem größerer Parabolspiegel. Eine für den Gemeinschaftsempfang (auch in BK-Netzen beliebiger Größe) geeignete Direktsatellitenantenne führt zu Investitionen von ca. DM 21.000,— (Quelle: Telebild, Wien). Auch diese Anlage ist zum Empfang von 3 Fernsehkanälen über den direktabstrahlenden TV-Sat sowie eines Fernsehkanals über den französischen Schwestersatelliten TDF 1 geeignet. Im einzelnen ergeben sich die folgenden Investitionsbeträge:

Parabolantenne ∅ 120 cm	DM 1.000,—
Erregersystem, Halterung etc.	DM 500,—
2 Low Noise Converter (LNC)	DM 1.000,—
2 Kabelverbindungen (je 50 cm)	DM 1.600,—
4 Demodulatoren	DM 4.000,—
4 Modulatoren/Ausgangsumsetzer	DM 12.000,—
Montage	DM 1.000,—
	DM 21.100,—

Bei Produktion von großen Stückzahlen kann auch hier mit einer deutlichen Senkung der Investitionen gerechnet werden, da die Produktionskosten einzelner Komponenten noch ein großes Potential für Kostenverringerungen in sich tragen. Außerdem läßt sich auch hier die Höhe der Investition durch Verzicht auf die zweite Polarisationsebene und durch Verringerung der Programmzahl senken (Bayerischer Rundfunk, 1984).

Bei diesem zuletzt genannten Investitionswert für Gemeinschaftsempfang in Direktsatellitensignalen handelt es sich um eine semiprofessionelle (Low-Cost)-Anlage. Selbstverständlich ergibt sich auch hier eine anspruchs- und komfortabhängige Variation der Investitionsbeträge nach oben. Wird beispielsweise eine hochwertige Direktsatellitenantenne mit Modulatoren von DM 25.000,— pro Kanal ausgerüstet, so ergibt sich nach Schätzungen der Deutschen Bundespost ein Investitionswert von etwa DM 110.000,—. Wenn sich die Modulatoren im Verlaufe der Markteinführung verbilligen sollten, ermäßigt sich der Betrag entsprechend.

2.1.2.3 Lokale Programmzentrale

Die bisher dargelegten Berechnungsgrundlagen für das Netz und die zentralen Einrichtungen gingen von der Vorstellung aus, daß neben den ortsmöglichen Fernseh- und Hörfunkprogrammen zusätzliche Programme über Satelliten herangeführt werden. Ergänzend muß nun berücksichtigt werden, daß auch lokale und regionale Programme (und Programmteile) in das Breitbandverteilnetz eingespeist werden können. Insbesondere in größeren Städten (etwa ab 200.000 Einwohnern) könnte es wirtschaftlich tragbar sein, pro Tag eine halbe Stunde (in einigen Großstädten auch eine Stunde) lokale Informations- und Unterhaltungsprogramme anzubieten. Hierfür kann ein eigener Breitbandkanal vorgesehen werden. Es ist jedoch auch grundsätzlich möglich, in den über Satelliten verteilten Vollprogrammen zeitliche „Fenster“ offenzulassen, die in den lokalen Programmzentralen an den jeweiligen Orten unterschiedlich ausgefüllt werden.

Die Investitionen für ein lokales Studio werden von Telebild, Wien, wie folgt gekennzeichnet:

Annahmen:

An sieben Tagen der Woche soll ein jeweils halbstündiges Fernsehprogramm in einen Kabelkanal eingespeist werden.

Die Produktion besteht im wesentlichen aus

— lokalen Ereignissen, die am Ort des Geschehens aufgenommen werden,
— Live-Beiträgen aus einem Kleinstudio: Ansagen, Lokalnachrichten, Ankündigungen, Kommentare, Interviews und Diskussionen in kleiner Runde.

Die Aufzeichnung erfolgt elektronisch (kein Film), der Qualitätsstandard der Bildwiedergabe soll — subjektiv für den Zuseher — etwa gleichwertig dem Standard sonstiger Sendungen (z. B. „des Umfeldprogrammes“ aus dem Satellitensignal) sein. Ton mono.

Die von drei Außenteams (im Tagesdurchschnitt zwei im Einsatz) angelieferten und nachbearbeiteten Beiträge sind von der Studio- und Abwicklungsregie mit den Live-Beiträgen zusammenzumischen und als Summensignal in das Kabelnetz abzugeben. Background-Musik soll zugespielt werden können.

Investitionen, Preisstand Herbst 1984 (Quelle: Telebild, Wien):

Studio	
3 Kameras (oberer Standard Saticon, unterer Standard Plumbicon), davon eine für Insertaufnahmen, einfache fahrbare Stative, komplett	DM 240.000,—
Licht (inkl. Installation), 2 Monitore, Mikrophone mit Kabel, Studiomöbel etc.	DM 45.000,—
Summe	DM 285.000,—
Bild-Ton-Regie	
Bildmischer 10 Eingänge inkl. Blue Box	DM 50.000,—
Monitoring (10 Monitore schwarz/weiß, 3 Farbe)	DM 43.000,—
Kameraaussteuerung/Meßplatz	DM 70.000,—
Ton-Mischpult, 2 Kassettenrecorder oder Plattenspieler	DM 65.000,—
1 Magnetophon, Begrenzer, Lautsprecher, Intercom, Gestelle, Tisch, Montagen, Kabel und Anschlüsse	DM 57.000,—
Summe	DM 285.000,—
Bearbeitung/Wiedergabe	
3 U-Matic, 2 Time-Base-Korrektoren	DM 250.000,—
Monitoring, Wiedergabe-Kreuz-Schiene, Sonstiges	DM 40.000,—
Schriftgenerator	DM 40.000,—
Summe	DM 330.000,—
Außeneinheiten	
Ausrüstung für 3 Aufnahmeteams à DM 70.000,— (ohne Fahrzeuge)	DM 210.000,—
Summe der Investitionen	DM 1.110.000,—

Eine Rohkalkulation unter Verwendung der neueren Aufzeichnungsverfahren (einheitlich für Studio- und Außenaufnahmen) wie Betacam oder Lineplex führt größenordnungsmäßig zu gleichen Ergebnissen.

Eine zusätzliche Investition könnte sich aus der Notwendigkeit ergeben, im 1''-Format angelieferte Werbespots auf den im Studio verwendeten Wiedergabestandard umzuspielen:

Einsatz einer 1''-MAZ	DM 185.000,—

Ein gesonderter Ansatz für Planungskosten wurde nicht vorgenommen; bei lieferantenunabhängiger Planung (Ausführungsplanung eingeschlossen) wären bis zu 10 % der Investitionssumme anzusetzen.

Ebenso sind in diese Kalkulation die von Fall zu Fall sehr unterschiedlichen bauseitigen Kosten inklusive Akustik und Klimatechnik nicht aufgenommen worden, dies unter anderem deswegen, weil vorhandene Gebäude im Eigentum der Programmanbieter oder Mietobjekte zur Errichtung von Kleinstudios und Bearbeitungsräumen herangezogen werden können, wodurch sich der Einsatz von Investitionsmitteln auf klimatechnische und akustische Maßnahmen beschränken könnte.

Zu ähnlichen Ergebnissen gelangt eine Studie der KABELCOM Braunschweig (Investition ca. DM 1,2 Mio.). Demgegenüber kommt eine schweizerische Untersuchung (Itin und Jenny, 1982, S. 26) zu dem Ergebnis, daß für ein Lokalfernsehen Investitionen in Höhe von ca. sfrs 2,45 Mio. (DM 2,94 Mio.) notwendig sind. Allerdings sind in dieser Zahl drei Reportagewagen mit Investitionen von sfrs 1,5 Mio. (DM 1,8 Mio.) enthalten, so daß der verbleibende Betrag in derselben Größenordnung wie Telebild, Wien, liegt. Die Kommission für den Ausbau des technischen Kommunikationssystems (KtK) hat 1975 einen weit höheren Investitionsbetrag für das Lokalstudio (DM 5,3 Mio.) geschätzt, allerdings die früher übliche Technik unterstellt und erhebliche Baukosten einbezogen (KtK, Anlageband 5, 1976, S. 199 f.). Die Expertenkommission Neue Medien, Baden-Württemberg (EKM), schätzt die Investitionen für ein anspruchsvolles Studio (einschließlich Grundstück und Bauten) auf ca. DM 8,5 Mio., erklärt jedoch, daß bei einfacher Ausstattung mit einem Drittel dieses Betrages gerechnet werden kann (EKM, Band 1, 1981, S. 91 ff.).

Die Anstalt für Kabelkommunikation (AKK), Ludwigshafen hat DM 13 Mio. in Produktions- und Abwicklungstechnik investiert, bewältigt aber auch 8 Fernseh- und 8 Hörfunkprogramme.

Insgesamt wird erkennbar, daß für die Investitionen in ein lokales Studio — je nach technischem Anspruch — sehr unterschiedliche Beträge geschätzt werden. In der Bundesrepublik Deutschland bestehen hierzu noch keine hinreichend gesicherten Erfahrungen, die es erlauben, präzise Investitionsbeträge und deren Amortisationsfähigkeit anzugeben.

In den Berechnungen zur Amortisationsfähigkeit des Breitbandverteilsystems (siehe Kapitel 4) werden die Investitionen für das lokale Studio nicht berücksichtigt. Denn die Gebühren der Bundespost dienen lediglich der

Amortisation des Netzes und der zentralen Empfangsanlagen, nicht jedoch der von Ort zu Ort unterschiedlichen Lokalprogrammeinrichtungen.

Wenn damit deutlich wird, daß die Lokalprogramme eine in sich geschlossene Amortisation benötigen, ist es notwendig, über die Investitionen hinaus einen Blick auf die laufenden Kosten und die erzielbaren Erlöse zu werfen.

Hierzu stellt Telebild, Wien, fest:

Personalbedarf:

6 Personen im Studioaufzeichnungs- und -abwicklungsbereich, 4 Personen für zwei jeweils im Einsatz befindliche Außenteams.

Diese Personalzahl wegen 7-Tage-Betriebs um 50 % vermehrt (siehe: 3 Außenteams) ergibt einen Gesamtbedarf an technischem Personal von 15 Personen.

Hinzu kommen 2 Redakteure, 2 Sprecher und 1 Sekretärin, insgesamt 5 Personen.

Aus der Beschäftigung von 20 Personen mit durchschnittlichen Jahreseinkommen von DM 70.000,— ergibt sich ein Personalaufwand pro Jahr von DM 1.400.000,—.

Sachaufwand:

Dieser besteht aus Fahrtkosten, Verbrauchsmaterial für die Produktion, Honoraren für Mitwirkende und allgemeinen laufenden Kosten (Telefon, Telex, Büromaterial, Reinigung etc.), Schätzbetrag DM 600.000,— p. a.

Nicht inbegriffen sind Mieten, ebenfalls nicht inbegriffen sind die an Verwertungsgesellschaften zu zahlenden Entgelte.

Aus diesen Zahlen ergeben sich also laufende Kosten pro Jahr in Höhe von DM 2 Mio. zuzüglich 20 % Abschreibungen auf die Investitionen (DM 250.000,—), also jährliche Gesamtkosten von DM 2,25 Mio.

Natürlich ist es denkbar und in kleineren Städten auch realisierbar, Lokalprogramme zu wesentlich günstigeren Bedingungen zu produzieren, wenn Teilzeitkräfte und Amateure in die Programmgestaltung einbezogen werden. Ein Verzicht auf den 7-Tage-Betrieb ermäßigt auch die Kosten des vollbeschäftigten Personals überproportional.

Aus den Erfahrungen des Kabelpilotprojektes München ergeben sich etwas höhere Beträge. Auch Verlage und andere Medienbetriebe rechnen mit jährlichen Kosten für ein tägliches Halbstundenprogramm mit DM 3 bis 5 Mio. Die öffentlich-rechtlichen Anstalten veranschlagen dafür ca. DM 10 Mio. Die Streuung der Zahlen ist verständlich, denn je nach inhaltlichem Anspruch und technischem Komfort ergeben sich sehr unterschiedliche Kosten. Auch hier handelt es sich um medienpolitisches Neuland, für das in Deutschland keine Erfahrungen vorliegen.

Um grob abschätzen zu können, ob sich die genannten Jahreskosten durch Erlöse amortisieren, muß die folgende Werberechnung berücksichtigt werden:

Bei 100.000 angeschlossenen Wohneinheiten werden (mit der üblichen Unterstellung von zwei Personen pro Haushalt) 200.000 Personen erreicht. Wenn es gelingt, eine Einschaltquote von 20 % zu realisieren, empfangen 40.000 Personen die Werbebotschaft. Bei einem Tausenderpreis für lokale Werbung in Höhe von DM 20,— für den 30-Sekunden-Spot ergeben sich Einnahmen in Höhe von DM 800,— pro Spot. Bei täglich 10 Spots werden DM 8.000,— eingenommen, die durch den üblichen Rabatt von 30 % auf DM 5.600,— pro Tag gekürzt werden. Bei 300 Werbetagen im Jahr ergeben sich jährliche Gesamteinnahmen aus der Werbung in Höhe von DM 1,68 Mio.

Damit wird deutlich, daß in einer Stadt mit 100.000 angeschlossenen Wohneinheiten ein Lokalprogramm nicht hinreichend aus Werbeeinnahmen finanziert werden kann. Wenn man allerdings unterstellt, daß die privaten Haushalte bereit sind, für ein solches Lokalprogramm monatlich DM 1,— zu bezahlen, dann entstehen Programmeinnahmen in Höhe von DM 1,2 Mio., die mit den Werbeeinnahmen zusammen immerhin eine knappe Kostendeckung bewirken.

Wenn man dieselbe Rechnung für Großstädte durchführt und z. B. 300.000 angeschlossene Wohneinheiten unterstellt, eine volle Stunde Lokalprogramm und 20 Werbespots pro Tag vorsieht, dann entstehen Werbeeinnahmen in Höhe von DM 10 Mio., aus denen ein anspruchsvolles einstündiges Lokalprogramm finanziert werden kann.

2.1.3 Nichttechnische Investitionen

In betriebswirtschaftlicher Betrachtungsweise werden Investitionen nicht auf die Beschaffung materieller Anlagen eingeengt. Vielmehr wird die Investition als Bindung von Kapital zur Hervorbringung und Sicherung betrieblicher Leistungen verstanden. Deshalb sind auch immaterielle Investitionen für Forschung, Entwicklung, Fortbildung, Organisation und Markterschließung einzubeziehen. Der zuletzt genannte Punkt erhält im Falle der Errichtung eines neuen Breitbandverteilsystems eine besondere Bedeutung. Denn das Produkt ist dem deutschen Kunden bisher unbekannt. Es wird — im Vergleich zu anderen Ländern — politisch übermäßig problematisiert und bisher nur sehr zögernd als Markttatbestand behandelt.

Die Bevölkerung kennt ein Breitbandkabel bisher vorwiegend in Gestalt der Gemeinschaftsantennenanlage und als BK-Anschluß der Bundespost zur Überwindung von Abschattungen. Mit dem Heraustreten der Bundespost aus Abschattungsgebieten, wo sich eine hohe Anschlußdichte wegen des gestörten Antennenempfangs der Rundfunkprogramme mehr oder weniger automatisch ergab, wurde das Problem der Teilnehmerakquisition virulent: Hat ein öffentliches Unternehmen Teilnehmer zu umwerben oder sich darauf zu beschränken, ohne Bedachtnahme auf das Vorhandensein oder Nichtvorhandensein einer zukünftig zahlenden Kundschaft Übergabepunkte zu schaffen und die Teilnehmerwerbung den Errichtern und Betreibern der Hausnetze zu überlassen?

Wenn nicht mehr die Verbesserung der Empfangsqualität vorhandener Programme den Anreiz für den Erwerb eines Kabelanschlusses bildet, können neue Teilnehmer nur durch das Angebot zusätzlicher, neuer Programme gewonnen werden. Der *Zusatznutzen* für den Haushalt, der sich für einen Kabelanschluß entscheidet, liegt bei den Programmen, nicht in den technischen Installationen (Kabel und Steckdose).

Für die Deutsche Bundespost hat sich diese Kundenorientierung noch verschärft, da gemäß der 23. Änderungsverordnung das Gebührenaufkommen nicht mehr von der Anzahl der beschalteten Übergabepunkte, sondern von der Anzahl der (dahinter) tatsächlich angeschlossenen Wohneinheiten abhängt.

Die Aktivitäten zur Bewältigung der Marketingaufgabe, der Gewinnung von Teilnehmern bestehen insbesondere aus

— Erforschung des potentiellen Teilnehmermarktes (Kaufkraft, Interesse, Marktwiderstand, Unkenntnis, Querverbindungen zu anderen Märkten);
— Informieren über Leistungsmerkmale, Lieferbedingungen und Preis des neuen Produktes (Programme), individuelle Bedarfsdeckung;
— Werben und Beraten, Ausräumen von Fehlinformationen und Vorurteilen;
— Vertragsanbahnung und Abschluß.

Die konkrete Akquisition kann sich also nicht auf großflächige Werbemaßnahmen beschränken, sondern muß im persönlichen Kontakt mit den potentiellen Teilnehmern erfolgen. Probeangebote („Schnupperkanal“) und Demonstrationsveranstaltungen ergänzen die Marktaktivität.

Die Markterschließung kann nicht beiläufig erfolgen, sondern stellt eine eigenständige, finanziell nicht vernachlässigungsfähige Investition dar. Als Orientierungshilfe können die Akquisitionserfahrungen von Verlagen herangezogen werden: Für ein Tageszeitungsabonnement werden im Durchschnitt DM 80,—, für ein Buchclub-Abonnement das Dreifache dieses Betrages aufgewendet. Der private Kooperationspartner der Bundespost in Braunschweig rechnet mit Marketinginvestitionen von DM 270,— pro angeschlossenem Haushalt. Im Pilotprojekt München hat die Firma KABELSIGNAL, die von der Münchner Pilotgesellschaft für Kabelkommunikation (MPK) mit dem Marketing betraut wurde, einen Investitionsbetrag von DM 200,— pro teilnehmender Wohneinheit ermittelt.

In Wien (Telekabel) wurden für Werbung 4 % der Investitionssumme aufgewendet, das sind etwa DM 60,— pro angeschlossener Wohneinheit. Für das Anwerben von Verträgen bezahlt Telekabel an nebenberuflich tätige Akquisiteure durchschnittlich DM 20,— pro Vertrag. Hierin sind Schulungskosten, Verwaltungskosten und sonstige Nebenkosten nicht enthalten. Die Gesamtkosten für die Gewinnung eines Teilnehmers dürften ca. DM 100,— betragen. In Wien wird in diesem Zusammenhang auf die durch die hohe Teilnehmerzahl und die damit ermöglichte Kostendegression (geringe Streuverluste der Werbung, kurze Wegstrecken etc.) hingewiesen. In kleinen Verkabelungsgebieten wäre mit wesentlich höheren Marketinginvestitionen zu rechnen.

Wie in Kapitel 3 gezeigt wird, betragen die Marketinginvestitionen in den Niederlanden ca. DM 100,— pro Teilnehmer und in der Schweiz ca. DM 75,—. In der Schweiz ist allerdings zu beachten, daß die Kabelgesellschaft nicht mit einzelnen Wohneinheiten kontrahiert, sondern nur mit den Eigentümern der Häuser, so daß mit einem einzigen Vertragsabschluß eine Mehrzahl von teilnehmenden Wohneinheiten angeworben wird. Die Marketinginvestition pro Teilnehmer schwankt in den USA zwischen $ 20,— und $ 60,—.

Damit wird erkennbar, daß je nach den Besonderheiten des Marktes und dem bereits erreichten Fortschritt der Markteinführung sehr unterschiedliche Investitionen pro Teilnehmer anfallen. Wenn man bedenkt, daß in der Bundesrepublik Deutschland das Kabelfernsehen erst am Anfang steht, wird man erwarten dürfen, daß die heute unvermeidbaren hohen Marktinvestitionen (von z. B. DM 270,— pro Teilnehmer) deutlich gesenkt werden können. Nach verläßlichen Expertenschätzungen darf allerdings im Regelfall nicht mit einem geringeren Betrag als DM 150,— gerechnet werden. Diese Zahl wird als nichttechnische Investition in den Amortisationsberechnungen des Kapitels 4 berücksichtigt.

2.1.4 Hausnetz und Endgeräte

Die Investitionen im Haus werden bewußt nach den nichttechnischen Investitionen behandelt, weil sie nach geltender Rechtslage eindeutig außerhalb des Kompetenzbereichs der Deutschen Bundespost liegen, während die Marketingbemühungen sowohl von der Bundespost als auch von privaten Unternehmungen wahrgenommen werden können.

In der Diskussion um die Einführung des Kabelfernsehens in Deutschland wird häufig davon ausgegangen, daß die Hausnetze bereits weitgehend existieren, denn ca. 50 % aller deutschen Haushalte werden über Gemeinschaftsantennenanlagen mit Hörfunk- und Fernsehprogrammen versorgt. Wenn man berücksichtigt, daß die Einzelnetze der Bundespost vorwiegend in dichtbesiedelten Gebieten errichtet werden, wird der Versorgungsgrad mit Hausnetzen noch höher sein. Dabei ist jedoch zu bedenken, daß nur wenige Gemeinschaftsantennenanlagen so groß sind, daß sie eine eigene Satellitenantenne tragen können. Es existieren bundesweit lediglich ca. 500 Antennenanlagen mit mehr als 500 Wohneinheiten (bundesweit insgesamt ca. 0,5 Mio. Wohneinheiten). Die kleineren Gemeinschaftsantennennetze werden zweckmäßigerweise an das Breitbandverteilnetz der Bundespost angeschlossen und auf diese Weise mit den über Satelliten übertragenen Programmen versorgt.

Allerdings haben die Erfahrungen in den Pilotprojekten Ludwigshafen und München gezeigt, daß ein großer Teil der Hausnetze (insbesondere ältere Installationen) nicht die notwendige Qualität und Kapazität hat, um mehr als die heute ortsmöglich empfangbaren Programme transportieren zu können. In solchen Fällen ist es nötig, Unzulänglichkeiten an den Hauskabeln zu beseitigen, Verstärker zu ersetzen und in vielen Fällen ein völlig neues Hausnetz zu installieren. Unzureichend abgeschirmte und schadhafte Hauskabel sind passiv störanfällig und aktiv störend. Insbesondere Funkdienste dürfen weder durch Abstrahlung aus Hausverteilnetzen und Fernsehgeräten gestört werden noch selbst durch Einstrahlung in die Hausnetze und Geräte den Empfang in den Sonderkanälen störend beeinflussen.

Nach den Erfahrungen der im Münchner Pilotprojekt tätigen Firma KABELSIGNAL beläuft sich der Adaptierungs- oder Renovierungsaufwand in den Hausnetzen auf DM 150,— bis DM 200,— pro Haushalt. Die vom örtlichen Elektrohandwerk angebotenen Preise beliefen sich ursprünglich auf durchschnittlich DM 385,— pro Haushalt, sind dann jedoch mit wachsender Erfahrung und Wettbewerb auf ca. DM 150,— gesunken. Eine weitere Kostensenkung ist bei straff organisierter, größere Lose umfassender Hausverkabelung mit zentralem, kostengünstigen Materialeinkauf zu erreichen. Wenn dagegen die Installationsfirma zur Herstellung eines einzelnen Anschlusses extra herbeigerufen und das benötigte Material in Kleinstmengen bezogen wird, entstehen leicht doppelte und dreifache Kosten (Lenhardt, 1983, S. 49).

Im Interesse der Kostensenkung und zur Sicherstellung einer gleichmäßigen Qualität ist es vorteilhaft, die Hausinstallationen durch eine übergreifende Verantwortung zu koordinieren. Eine solche Organisation steht nicht im Widerspruch zur freien Betätigung des örtlichen Handwerks, sondern dient der Markttransparenz und dem fruchtbaren Wettbewerb. Für Neuinstallationen und grundlegende Erneuerungen ist von vornherein auf den 24-Kanalbetrieb abzustellen. Eine Investition von DM 150,— bis DM 200,— pro

Wohneinheit bezieht sich auf ein Baumnetz in Durchschleiftechnik. Ein Sternnetz verursacht pro Haushalt Mehrinvestitionen von etwa DM 100,— (wobei die Werte nach Bausubstanz, Koordinierung und technischem Standard stark streuen).

Ein zusätzliches Problem stellen die Fernsehgeräte dar, die bei älterem Baujahr den Ansprüchen des Kabelfernsehens nicht genügen. Das Angebot von 24 Fernsehsignalen innerhalb einer Bandbreite von 300 MHz setzt die Nutzung von Fernsehkanälen sowohl im Band I und III sowie der Sonderkanäle unterhalb und oberhalb des Frequenzbandes III voraus, wobei benachbarte Kanäle nicht ausgespart werden (Nachbarkanalbetrieb). Nach Schätzungen der Industrie dürften bis Jahresende 1984 etwa 20 bis 25 % der in den Haushalten betriebenen Fernsehempfangsgeräte nachbar- und sonderkanaltauglich sein, während der Rest der Haushalte noch Heimempfänger älterer Bauart betreibt. Der Erneuerungsrhythmus bei Fernsehempfängern liegt zwischen 7 und 10 % pro Jahr, so daß bei pessimistischer Annahme bis Ende 1988 mit einer 50prozentigen Versorgung der Haushalte mit modernen Geräten zu rechnen ist. In Gebieten, in denen Kabelnetze errichtet und zusätzliche Programme angeboten werden, ist anzunehmen, daß sich der Erneuerungsrhythmus beschleunigt. Hierfür gibt es Anzeichen in den Pilotprojektgebieten Ludwigshafen und München. Zu Beginn der neunziger Jahre wird praktisch jeder Haushalt über ein kabelfernsehtüchtiges Endgerät verfügen. Aber auch in der Zwischenzeit können ältere Geräte angeschlossen werden, wenn durch einen Einfachkonverter (Anschaffungspreis ca. DM 200,— bis DM 300,—) der Empfang von Sonderkanälen (Umsetzung in den VHF-Bereich) ermöglicht wird.

Um von vornherein auch ältere Fernsehgeräte versorgen zu können und zusätzlich die Einzelselektion von Programmen, deren Nutzung einem besonderen Entgelt unterworfen werden (Abonnement- oder Pay-TV), zu ermöglichen, hat die Bundespost den FAT (fernsteuerbarer adressierbarer Teilnehmerkonverter) angeboten.

Das System besteht im wesentlichen darin, daß die über das Verteilnetz angelieferten Programmsignale einem hauszentralen Gerät zugeführt werden, in welchem sich pro angeschlossenem Empfangsgerät des Teilnehmers individuell zugeordnete Module befinden. Diese Module sind von zwei Seiten steuerbar, nämlich erstens aus einer von der Bundespost betriebenen Vermittlungszentrale, welche die Weitergabe von Signalen sperrt, zu deren Bezug der Teilnehmer nicht berechtigt ist (z. B. nichtabonniertes Pay-Programm), zweitens aus einem beim Fernsehempfänger befindlichen Abrufgerät, über das der Teilnehmer das jeweils von ihm gewünschte Programm, zu dessen Bezug er autorisiert ist, anwählen kann.

Derartige Geräte, allerdings ohne Fernsteuerung aus der Vermittlungszentrale, wurden von der Bundespost versuchsweise in Ludwigshafen und München eingesetzt.

Der Vorteil des Systems besteht darin, daß die den einzelnen Modulen mitgeteilte Empfangsautorisierung jederzeit von einer Zentrale aus verändert werden kann und daß sich das Problem der Erneuerung des Fernsehgeräts erledigt. Das über das Abrufgerät angewählte Programm wird über einen Kanal im unteren VHF-Bereich (Band I) angeliefert. Der Teilnehmer benötigt im Grunde nur noch einen Monitor.

Die Nachteile des FAT-Systems liegen vor allem in den hohen Kosten, da die vorhandenen Hausnetze vollständig erneuert bzw. ersetzt werden müssen. Die Baumstruktur der Hausnetze ist durch eine Sternstruktur abzulösen, da jedes aus dem teilnehmerbezogenen Modul abgerufene Programmsignal über eine gesonderte Leitung dem Teilnehmer zugeführt werden muß. Pro Haushalt sind also Investitionen von ca. DM 300,— für das Stern-Hausnetz zu tätigen. Hinzu tritt die Investition für das FAT-System selbst, die nach Angaben der Industrie, auch bei Bestellung großer Serien, kaum unter DM 700,— pro Haushalt absinken wird (in den Versuchsserien DM 1.600,— bis DM 1.800,—). Pro Haushalt ergeben sich daher aus der Summe von Sternverkabelung und FAT-System Investitionen in Höhe von rund DM 1.000,—. Diese Investitionen werden von den Teilnehmern an den Pilotprojekten dann als Fehlinvestitionen verstanden, wenn bereits ein neuartiges Fernsehgerät angeschafft wurde.

Nun könnte man die Ansicht vertreten, daß die Investitionen im Hausnetz und für das Endgerät eine Privatangelegenheit der Teilnehmer sind und für die Amortisationsfähigkeit des BK-Netzes der Bundespost keine Bedeutung haben. Dies trifft jedoch nicht zu. Denn bei abschreckend hohen Investitionen im Teilnehmerbereich wird die Anschlußdichte an das Kabelnetz der Bundespost beeinträchtigt und auf diese Weise die Amortisation unmittelbar gefährdet. Deshalb sind auch für die teilnehmernahe Technik einfache und kostengünstige Lösungen notwendig. Vor allem sollte nicht bereits auf dem Wege zur Öffnung des Medienmarktes, also vor Erreichen der Eintrittsschwelle, eine Technik gewählt werden, die nur für einen Teil der Benutzer (nämlich der Pay-TV-Kunden) zwingend notwendig ist. Für die Verteilung von Programmen, die über Werbeeinnahmen finanziert sind, genügt ein reines Verteilnetz ohne Adressierbarkeit und Autorisierbarkeit einzelner Teilnehmer.

Wenn zu dem reinen Verteilfernsehen eine Untermenge der Teilnehmer ein Pay-Programm abonnieren möchte, dann kann dieses spezielle Programmangebot codiert werden (Scrambling-System) und mit Hilfe eines Decoders (Descramblers) beim Teilnehmer sichtbar gemacht werden. Ein solches Endgerät, das nur der Abonnent benötigt, hat zur Zeit, wenn es vorprogrammiert ist, einen Anschaffungswert von ca. DM 200,—, wenn es durch von außen kommende Adressierungssignale zu- oder abgeschaltet werden soll, einen Anschaffungswert von nicht unter DM 500,—. In Zukunft sollen Decoder in das Fernsehgerät integriert werden können, wodurch eine wesentliche Kostenersparnis entsteht.

2.2 Kosten

Die vorstehend behandelten Investitionen für das Netz und die zentralen Einrichtungen fallen nur einmal, und zwar anläßlich der Errichtung des Breitbandverteilsystems an. Demgegenüber entstehen während der Nutzungszeit laufende Kosten, die ebenfalls von den Entgelten, die aus der Nutzung des Systems erwachsen, gedeckt werden müssen.

2.2.1 Betriebskosten

Als erstes sind die technischen Betriebskosten zu berücksichtigen, allerdings ohne die Betriebskosten beim Teilnehmer und im Hausnetz. Diese rücken nur dann in die Betrachtung ein, wenn ein Kooperationspartner der Bundespost oder eine örtliche Marketinggesellschaft auch die Betreuung (Wartung, Entstörung) der Hausnetze übernimmt.

Für das Breitbandkabelnetz rechnet die Bundespost mit anfänglich 3 % und später 2 % Betriebskosten, gemessen an den ursprünglich vorgenommenen Investitionen, d. h. in der Anfangsphase (bis zum 6. Jahr) pro Übergabepunkt und Jahr DM 48,60.

Für das Absenken des Betriebskostensatzes nach einer Periode der Einführung (also etwa vom 7. Jahr an) spricht die in den europäischen Nachbarländern gewonnene Erfahrung, daß mit dem gleichen Wartungspersonal ein wachsendes Netz betrieben werden kann. Andererseits muß nach einiger Zeit mit Reparaturen gerechnet werden. Im Interesse einer vorsichtigen Kalkulation wird deshalb in Kapitel 4 mit 3 % Betriebskosten gerechnet und dieser Satz nicht auf 2 % abgesenkt. Eine Anhebung auf einen höheren Satz, etwa mit dem Hinweis einer Orientierung an den Betriebskosten des Fernsprechdienstes, ist nicht sinnvoll. Denn es muß deutlich gesehen werden, daß ein reiner Verteildienst wie das Kabelfernsehen eine technisch und betriebswirtschaftlich wesentlich einfachere Konfiguration darstellt als der vermittelte Dialogdienst des Fernsprechens.

Neben den Betriebskosten für das Netz sind die Betriebskosten für die zentralen Einrichtungen zu berücksichtigen. Es handelt sich dabei einerseits um die Rundfunkempfangsstelle (mit der BK-Verstärkerstelle) und andererseits um die Satellitenantenne. Während die Empfangsstelle für den terrestrischen Rundfunk (Fernsehen und Hörfunk) aus einer bewährten und gesicherten Technik besteht, befindet sich die Satellitenantenne noch im Stadium der Innovation. Sie ist im übrigen besonders witterungsanfällig. Es ist deshalb gerechtfertigt, für die Rundfunkempfangsstelle Betriebskosten von 3 % und für die Satellitenantenne Betriebskosten von 6 % anzusetzen. Diese Berechnung der Deutschen Bundespost stimmt mit Erfahrungen aus dem Ausland überein.

2.2.2 *Verwaltungskosten*

Zu den rein technischen Betriebskosten treten als laufende Kosten die Verwaltungskosten hinzu. Es handelt sich nicht nur um das monatliche Inkasso, sondern auch um die laufende Vertragsverwaltung, eventuelle Zu- und Abschaltungen, Behandlung von Beschwerden und Anregungen, Rechtspflege und ständiges Marketing zur Erhaltung des Teilnehmerstamms. Bezugspunkt der Berechnung ist hier nicht die Investition oder der Übergabepunkt, sondern die angeschlossene Wohneinheit als Gegenstand der Verwaltung. Im Rahmen der internen Verrechnung zwischen den einzelnen Diensten der Bundespost werden für das Inkasso und die damit verbundenen Verwaltungsvorgänge (einschließlich Rechtspflege) DM 1,— pro Monat und Teilnehmer verrechnet. In vorsichtiger Berechnung soll im folgenden von einem Verwaltungssatz in Höhe von DM 18,— pro Jahr und Teilnehmer ausgegangen werden. Dieser Betrag ist in den Amortisationsrechnungen der Bundespost und des Bundesrechnungshofs bisher nicht explizit, sondern nur als Bestandteil der Gemeinkosten enthalten. Die hier vorgelegte Kalkulation kann also auch in diesem Punkt als vorsichtig bezeichnet werden.

2.2.3 *Zins*

Als Kosten für die Nutzungsmöglichkeit des investierten Kapitals ist der Zins zu berücksichtigen. Er wird als Prozentsatz auf das gebundene Kapital für die Zeiteinheit (Jahr) berechnet. Damit wird deutlich, daß die Zinskosten mit der Höhe der Investition und der Dauer der Kapitalbindung wachsen.

Der Zins spielt bei kurzfristigen Investitionen nur eine untergeordnete Rolle. Da es sich im Falle der Breitbandverteilnetze jedoch um langfristige Infrastrukturen handelt, die nicht nur erhebliche Kapitalbeträge, sondern auch eine lange Nutzungsdauer repräsentieren, kommt dem Zins für die Ermittlung der Amortisationsfähigkeit eine beachtliche Bedeutung zu.

Die Deutsche Bundespost hat zur langfristigen Finanzierung ihrer Investitionen durch die Emission festverzinslicher Wertpapiere einen im Zeitablauf schwankenden, im längerfristigen Durchschnitt bei ca. 8 % liegenden Zins gezahlt. Für private Kreditnehmer wäre ein eher höherer Zins einzusetzen, weil auch kurzfristige und kostspieligere Finanzierungsformen herangezogen werden müßten. Dieser Hinweis ist deshalb nötig, weil in Kapitel 5 für die Erfüllung von Teilaufgaben im Rahmen des Gesamtbreitbandverteilsystems auch private Betriebsgesellschaften erwogen werden. Für deren Amortisationsrechnung müßte ein Zins von etwa 10 % kalkuliert werden.

Die Bundespost bezieht sich in ihren Rechnungen auf den oben genannten Nominalzinsfuß, berücksichtigt dann allerdings einen sogenannten Realzins. Es handelt sich dabei um einen Prozentsatz auf das investierte Kapital, der nach Abzug der Inflationsquote (hier: Preisveränderung für Anlagegüter) verbleibt. Wenn die Bundespost von einem Nominalzins von 7,5 bis 8 % ausgeht und eine Inflationsrate in der Größenordnung von 3 bis 3,5 % unterstellt, dann erscheint ein Realzins in Höhe von 4,5 % als gerechtfertigt (ähnliche Stellungnahme Bundesrechnungshof, S. 90 ff.).

2.3 Leistungen und Erlöse

Während die Investitionen und laufenden Kosten insgesamt den amortisationsbedürftigen Geldeinsatz bestimmen, sind nun auf der anderen Seite die marktfähigen Leistungen und die von ihnen bewirkten Erlöse zu betrachten.

2.3.1 Leistungen

Die Leistung des Breitbandnetzes besteht im Verteilen von Fernseh- und Hörfunkprogrammen. Es handelt sich also um den Transport von Kommunikationsinhalten in nur eine Richtung. Zwischen den einzelnen Teilnehmern findet weder ein Dialog noch eine Vermittlung statt. Das Netz trägt eindeutig die Gestalt einer Baumstruktur. Jedenfalls gilt dies von der Kopfstelle des Einzelnetzes bis zum Übergabepunkt.

Allerdings bezieht sich das Verteilen der Programme nicht nur auf die ortsmöglichen, sondern auch und gerade auf zusätzlich herangeführte Programme. Deshalb wird auf eine Amortisationsrechnung für Abschattungsgebiete und die Fernsehrestversorgung verzichtet.

Soweit die Netze geeignet sind, zusätzliche Dienste zu realisieren, kann mit weiteren Amortisationsbeiträgen gerechnet werden, die hier jedoch nicht berücksichtigt werden (siehe Abschnitt 5.3). Deshalb wird für die erste Ausbaustufe und die dafür angestellte Amortisationsrechnung auch noch nicht von einem Rückkanal im Breitbandverteilnetz ausgegangen.

Eine zusätzliche Leistung des Netzes wird allerdings bereits in naher Zukunft möglich: Die Verteilung von Fernseh- (und Hörfunk-)Programmen, für die der Anbieter ein besonderes Entgelt verlangt. Die Bezahlung kann für ein Monatsabonnement (pay per month) oder für einzelne Sendungen (pay per view) berechnet werden. Derartige Pay-Programme sind weder durch Werbung noch durch Rundfunkgebühren finanziert. Da nur ein Teil der potentiellen Kunden von dieser Art des Programmangebots Gebrauch machen wird, können Pay-Angebote nur in relativ großen Märkten erfolgreich sein. Die Öffnung des Medienmarktes für Programme, die über Werbeeinnahmen finanziert sind, schafft also die zusätzliche Voraussetzung auch für das Abonnementfernsehen. Hinsichtlich der Struktur des Netzes ist anzumerken, daß die Pay-Angebote ebenfalls nur eine Baumstruktur voraussetzen. Es müssen lediglich Vorkehrungen getroffen werden, daß nur diejenigen Teilnehmer, die das Sonderentgelt entrichtet haben, das Pay-Angebot empfangen können.

2.3.2 Gebühren

Wegen der öffentlich-rechtlichen Aufgabenstellung der Deutschen Bundespost werden die Entgelte, die die Teilnehmer für die von ihnen nachgefragten und empfangenen Leistungen entrichten, in Form von Gebühren erhoben. Diese werden in der Fernmeldeordnung geregelt und durch Änderungsverordnungen fortgeschrieben. Zur Zeit gilt für die hier genannten Gebühren die 23. Verordnung zur Änderung der Fernmeldeordnung vom 21. 6. 1983 (im folgenden FO-Gebühr genannt).

Die Verordnung legt ab 1. 7. 1985, also für den Gültigkeitszeitraum der Amortisationsrechnung, die folgenden Gebühren fest:

Einmalige Zahlung pro angeschlossene Wohneinheit:

Anschließungsgebühr	DM 500,—
Anschließungsgebühr während einer jeweils festzulegenden Subskriptionszeit	DM 350,—

Die Anschließungsgebühr kann auf Antrag des Teilnehmers in Raten (monatlich DM 12,50 über vier Jahre) gezahlt werden.

Laufende Zahlungen pro angeschlossene Wohneinheit:

Monatliche Gebühr	DM 6,—
Monatlicher Zuschlag zu der monatlichen Gebühr für die Heranführung weiterer Rundfunkprogramme	DM 3,—

In der hier vorgenommenen Amortisationsrechnung wird von vornherein eine monatliche Gebühr in Höhe von DM 9,— berücksichtigt, also von der Heranführung weiterer Programme ausgegangen.

Da die vorstehend dargestellten Gebühren auf die angeschlossene Wohneinheit abstellen, sind sie für Ein- und Wenigfamilienhäuser besonders attraktiv. Um zu prüfen, wie elastisch die Nachfrage auf den Preis (hier Gebühren) reagiert, hat die Bundespost im August 1984 einen „Betriebsversuch für den Anschluß mittlerer und größerer Wohnanlagen an das Breitbandverteilnetz der DBP" eingeleitet. Dieser Versuch enthält eine degressive Staffelung der Entgelte und bietet folgende Konditionen an:

Das Anschließungsentgelt ist abhängig von der Anzahl der vorhandenen Wohneinheiten und beträgt je Breitbandanschlußstelle:

	DM normal	DM ermäßigt (Subskription)
bis 10 Wohneinheiten	3.000,—	2.000,—
für jede weitere Wohneinheit	20,—	15,—
höchstens (ab 110 Wohneinheiten)	5.000,—	3.500,—

Das monatliche Grundentgelt beträgt DM 5,— für jede in einem Gebäude vorhandene Wohneinheit. Allerdings wird zur Berücksichtigung zeitweise nicht vermieteter oder nicht anschließbarer Wohneinheiten ein pauschaler Abschlag von 20 v. H. auf die vorhandenen Wohneinheiten eingeräumt. Für die Heranführung weiterer Rundfunkprogramme werden monatlich DM 3,— je vorhandener Wohneinheit (ebenfalls mit dem Abschlag von 20 v. H.) berechnet.

2.3.3 Erlöse

Die dargelegten Gebühren garantieren noch nicht einen effektiven Geldzufluß, der zur Amortisation der Investitionen und der laufenden Kosten beiträgt. Da es den potentiellen Teilnehmern an einem Versorgungssystem freigestellt ist, sich für einen Breitbandanschluß zu entscheiden, hängt die Amortisation von der Nachfrage der Bevölkerung (zu den vorgegebenen Gebühren) ab. Wenn in der öffentlichen Diskussion gelegentlich gefordert wird, sich den gesellschaftlichen und sozialen Bedürfnissen zu widmen, ohne die in Geld ausgedrückte Kaufkraft zu berücksichtigen, sie sogar als unerwünschte Kommerzialisierung ablehnt, dann tritt das hier zu behandelnde Problem der Amortisation nicht auf. Die Finanzierung der Investitionen würde dann als Hoheitsaufgabe innerhalb des Staatshaushaltes wahrgenommen werden müssen. Im folgenden wird jedoch von der betriebswirtschaftlichen Frage ausgegangen, inwieweit und unter welchen Umständen die kaufkräftige Nachfrage nach Breitbandanschlüssen deren Amortisation bewirkt.

Eine zur Ermittlung der Nachfrage dienende Marktforschung ist nach den Erfahrungen aus anderen Märkten extrem schwierig, wenn das anzubietende Produkt dem potentiellen Abnehmer noch nicht gezeigt werden kann. Deshalb streuen die zahlreichen Untersuchungen der letzten zehn Jahre in ihren Ergebnissen so stark, daß von einer auch nur einigermaßen gesicherten empirischen Grundlage keine Rede sein kann. Die neueren Untersuchungen (seit 1983) sind in Anlage 1 aufgelistet.

Die verläßlichsten Daten ergaben sich aus einer Untersuchung der Anschlußdichte bereits bestehender Breitbandverteilnetze der Deutschen Bundespost (Fernmeldetechnisches Zentralamt mit MARPLAN, 1984). In den ersten fünf Jahren nach Errichtung eines Netzes baute sich die Anschlußdichte von 36,9 % (erstes Jahr) bis 63,2 % (fünftes Jahr) auf (S. 30). Allerdings sind diese Prozentsätze nicht ohne weiteres auf die zukünftige Anschlußdichte großflächiger Einzelnetze zu übertragen. Denn es handelt sich um kleinere Netze, die zum Teil in Abschattungsgebieten liegen, wodurch sich in anderen Gebieten eine eher niedrigere Anschlußbereitschaft vermuten ließe. Andererseits sind in diese Netze keine zusätzlichen Programme eingespeist worden, woraus sich die Vermutung ableiten läßt, daß in Zukunft mit einer höheren Anschlußdichte zu rechnen ist.

Die jüngste unmittelbare Befragung der Bevölkerung hinsichtlich ihrer zukünftigen Bereitschaft zum Kabelanschluß erbrachte für die Städte Braunschweig und Wolfsburg eine akute Nachfrage von 35 % bzw. 41 %. Es handelt sich dabei um private Haushalte, die nur aus zweiter Hand gehört haben, welche Qualitätsmerkmale das Kabelfernsehen aufweist (Roland Berger, 1984, Frage 53 und 55).

Wenn bereits mehr als ein Drittel der Bevölkerung eine kaufkräftige Nachfrage signalisiert, obgleich nur 26 % der Bevölkerung wissen, was Kabelfernsehen ist und 70 % das Kabelfernsehen nur dem Namen nach kennen (infas & Ennemann, 1984, Übersicht 31), dann würde jeder industrielle Marktforscher von günstigen Absatzchancen sprechen.

Im übrigen ist für die kaufkräftige Nachfrage nicht nur die subjektive Bereitschaft wichtig, ein angebotenes Gut zu „akzeptieren“. Vielmehr gehört zur aktiven Marktaufnahme auch das notwendige Geldbudget der privaten Haushalte, um sich das Angebotene leisten zu können. In Unterstützung der marktforschenden Bemühungen der Kommission für den Ausbau des technischen Kommunikationssystems stellte Prognos, Basel, fest, daß die volkswirtschaftliche Gesamtrechnung etwa im Jahr 1980 für die privaten Haushalte ein zusätzliches Geldbudget zur Bezahlung weiterer Fernsehprogramme vermuten läßt (Telekommunikationsbericht, S. 116, Anlageband 8, S. 68 ff.). Tatsächlich hat sich diese Voraussage bewahrheitet. Mit dem Beginn der achtziger Jahre drückte eine erhebliche Nachfrage auf den Medienmarkt und realisierte sich — wegen fehlender Alternativen — im Markt der Videorecorder und Videokasetten. Bis Mitte 1984 ist der Bestand an Videorecordern in der Bundesrepublik Deutschland auf 4,5 Mio. Geräte angewachsen, also auf eine Größenordnung, die für das Fernsehen die Öffnung des Medienmarktes bedeutet hätte. Wenn man berücksichtigt, daß die Anschaffung eines Videorecorders eine private Investition von ca. DM 2.000,— verursacht, dann kann nicht mehr gezweifelt werden, daß die objektive Kaufkraft zur Deckung des Bedarfs nach neuen Medieninhalten vorhanden ist. Eine bloße Befragung der Haushalte, die noch nicht wissen, daß sie mit geringeren Investitionen ein vergleichbares Bedürfnis befriedigen können wie mit Videokassetten, ist demgegenüber von geringerem prognostischen Wert.

Um so wichtiger ist es, das Urteil derjenigen heranzuziehen, die bereits am Kabelfernsehen teilnehmen. Dies ist in den Pilotprojekten und in einigen versuchsweisen Versorgungsgebieten des Satellitenfernsehens der Fall.

Im Pilotprojekt Ludwigshafen urteilten über das Kabelfernsehen 31 % mit sehr gut und 46 % mit gut, insgesamt also 77 % positiv (GfK, 1984, Tabelle 2).

Im Pilotprojekt München sind 68 % der Befragten „eher zufrieden" (Infratest, 1984, S. 12).

Aus den Versuchsgebieten des Satellitenfernsehens würden 76 % der Befragten gern weiterhin Satellitenprogramme empfangen und 64 % würden ihren Bekannten zuraten, sich anschließen zu lassen (Institut für Demoskopie, Allensbach, 1984, S. 14 und 17).

Obgleich man diese Zahlen nicht als gesicherten wissenschaftlichen Beleg für die Existenz einer bestimmten quantitativen Nachfrage bezeichnen kann und noch weniger die Preiselastizität der Nachfrage erkennbar wird, läßt sich doch der folgende Trend ableiten: Mit wachsendem Bekanntheitsgrad des neuen Mediums, insbesondere mit der Gewinnung eigener Erfahrung, wächst das Interesse, die Anschlußbereitschaft und die Zufriedenheit. Es besteht deshalb Veranlassung zu der Annahme, daß die Nachfrage mit fortschreitender Verbreitung des Kabelfernsehens ansteigt. Bis zu welcher Höhe (Anschlußdichte) dies geschehen wird, läßt sich aus den vorliegenden Marktforschungsergebnissen in der Bundesrepublik Deutschland nicht ablesen. Hierfür müssen Erfahrungen aus dem benachbarten Ausland herangezogen werden, die im Kapitel 3 im einzelnen dargelegt sind.

Nach dem betriebswirtschaftlichen Prinzip der Vorsicht sind Investitionen und Kosten im Zweifel eher höher und auf der anderen Seite die Erlöse im Zweifel eher niedriger einzuschätzen. Nach diesem Prinzip ist in den Abschnitten 2.1 und 2.2 vorgegangen worden. Wenn auch für die Erlöse eine eher vorsichtige Einschätzung angestrebt wird, so müssen Anschlußdichten von 90 % oder (wie der Bundesrechnungshof) von 80 % zwar als möglich und erstrebenswert, jedoch in mittelfristiger Betrachtung für die Einführungsstrategie als eher hoch bezeichnet werden. Zwar weisen die Kabelnetze in den Nachbarländern Schweiz, Belgien und den Niederlanden derart hohe Anschlußdichten auf. Man muß aber berücksichtigen, daß dies nach einer Entwicklung von über zwei Jahrzehnten erreicht wurde.

Es wird deshalb in der folgenden Amortisationsrechnung lediglich von einer Anschlußdichte in Höhe von 60 % der anschließbaren Wohneinheiten ausgegangen. Dabei wird für das erste Jahr angenommen, daß sich unter dem Eindruck der günstigen Subskriptionsgebühren sowie eines aktiven Marketing 35 % anschließen, während im zweiten und dritten Jahr je 12,5 % der anschließbaren Wohneinheiten hinzukommen.

Während sich die 35 % aus den bisher vorliegenden Erfahrungen der Deutschen Bundespost ableiten, ist die Gleichverteilung der restlichen 25 % auf das zweite und dritte Jahr als eine plausible Annahme zu werten, die sich erst in der Zukunft erweisen wird. Eine darüber hinaus in den Folgejahren anwachsende Anschlußdichte ist möglich und wahrscheinlich, wird jedoch im Interesse einer vorsichtigen Berechnung unberücksichtigt gelassen. Im übrigen muß bei der Einschätzung der Nachfrage stets im Auge behalten werden, daß es nicht das Breitbandverteilnetz ist, das die Nachfrage weckt, sondern die in ihm verteilten Programme, wobei Anzahl und Qualität die wesentlichen Stimuli sind.

3. Internationaler Vergleich

Die im vorstehenden Kapitel dargelegten Berechnungen und Erwägungen für die Investitionen, die laufenden Kosten und die Erlöse können nicht ohne weiteres als gesicherte Befunde der Investitionspraxis angesehen werden. Denn die deutschen Erfahrungswerte beziehen sich lediglich auf die Anfangsphase der Errichtung von Breitbandverteilnetzen. In den Jahren bis 1983 wurden diese Netze zur Versorgung von Abschattungsgebieten, zur Restversorgung im Rundfunk, zur vorsorglichen Investition im Rahmen anderer fernmeldetechnischer Baumaßnahmen und für Pilotprojekte errichtet. Erst seit 1983 wird das Ziel einer größerflächigen Versorgung mit einer Vielzahl von Fernseh- und Hörfunkprogrammen verfolgt. Deshalb sind die Zahlenangaben vorläufig, enthalten noch vielfältige Bestandteile eines unvermeidlichen „Lehrgelds", beruhen zum Teil auf Experimenten und Simulationen zum Auffinden des richtigen Weges, bedürfen also eines internationalen Vergleichs zur Plausibilitätsprüfung.

Die folgende exemplarische Darlegung von langjährigen Erfahrungen in anderen Ländern konzentriert sich auf die kritischen Punkte der Amortisationsfähigkeit von Breitbandverteilnetzen. Es handelt sich insbesondere um die Höhe der Investitionen für Netze und zentrale Einrichtungen, um die Betriebs- und Verwaltungskosten, die Anschlußdichte und die Struktur der Entgelte. Die vorgelegten Vergleichszahlen und die Darstellung der Situation in anderen Ländern sollen auch bewirken, sich aus der Enge der deutschen Betrachtungsweise zu lösen und zu erkennen, daß die Medienlandschaft in sehr unterschiedlicher Weise geregelt werden kann. Auf diese Weise entstehen Anregungen für die zukünftige Gestaltung von Netz und Nutzung der Kabelkommunikation. Schließlich kann aus den Erfahrungen anderer Länder gelernt werden, welches die kritischen Größen dieses Problemfeldes sind, welche Indikatoren und Hilfsmaßstäbe zum schnellen und einfachen Erkennen der richtigen Baumaßnahmen geeignet sind. Der internationale Vergleich bietet in diesem Sinne Orientierungshilfen.

3.1 Schweiz

In der Schweiz besteht eine lange Tradition der Rundfunkversorgung über Kabelverteilnetze. Bereits in den dreißiger Jahren wurde der Hörfunk auf diese Weise übertragen, und auch für das Fernsehen wurde von Anfang an ein Kabelanschluß als Alternative zur individuellen Dachantenne gesehen.

Das Errichten und Betreiben von großflächigen Breitbandverteilnetzen einschließlich der leistungsfähigen Empfangsanlagen (auch Satellitenantennen) wurde von vornherein privaten Gesellschaften gestattet. Obgleich auch die Gesetzgebung der Schweiz das Fernmeldewesen als Monopol (sogenanntes Regal) ausweist[6], haben sich doch die Realitäten in eine andere Richtung entwickelt. Die schweizerische PTT gestattet es den privaten Kabelgesellschaften, ihre Netze — soweit es die Bauvorhaben und Leerrohre erlauben — im Beilauf zu verlegen und dafür eine relativ geringe Gebühr zu zahlen[7].

Die schweizerischen Kabelfernsehgesellschaften verfügen heute über eine 15- bis 20jährige Erfahrung. Die Werte für Investitionen, Betriebskosten und Entgelte befinden sich — nach vielfältigen Experimenten und unterschiedlichen Entwicklungen — im eingeschwungenen Zustand. Sie können als gesichert und marktgerecht gelten. Eine Gesellschaft, die im Besiedlungsgebiet einer Großstadt ein Kabelnetz mit 180.000 Wohneinheiten betreibt (und in anderen Städten weitere Einzelnetze von 70.000 Wohneinheiten, 20.000 Wohnheiten, 10.000 Wohneinheiten und 5.000 Wohneinheiten), liefert BK-Anschlüsse bis zum Übergabepunkt und schließt Verträge lediglich mit Hauseigentümern ab. Damit wird von vornherein eine hundertprozentige Anschlußdichte erreicht, denn nach schweizerischer Rechtsprechung ist es dem Hauseigentümer gestattet, die Kosten der Fernseh- und Hörfunkversorgung in die Mietkalkulation einzubeziehen. Da die Kabelgesellschaft aus einem großen Radio-, Fernseh- und Elektroeinzelhandel heraus entstanden ist, bietet sie den Kunden auf Wunsch auch die Hausverkabelung und das Fernsehgerät an. Wer keinen BK-Anschluß wünscht, kann bei derselben Gesellschaft auch eine Dachantenne bestellen.

Die Kabelgesellschaft bietet neben den schweizerischen Programmen die ortsmöglich empfangbaren deutschen, österreichischen und französischen Programme an, speist eigene lokale (regionale) Inhalte ein, offeriert einen Videotextdienst und übernimmt Programme vom ECS-Satelliten. Zusätzlich wird ein Abonnementkanal angeboten.

Das Besondere an diesem im Laufe der Jahre entstandenen System liegt in der Tatsache, daß ein einziger Anbieter für das Kabelfernsehen gegenüber den Vertragspartnern auftritt. Es werden Programme offeriert und nicht lediglich Kabelanschlüsse. Im Falle von Störungen und Beschwerden ist der Adressat eindeutig erkennbar. Es entsteht kein Problem doppelter und konkurrierender Gebühren zwischen Kabelanschluß, Hausnetz, Programmangebot und Service. Damit wächst der Gesellschaft allerdings auch die gesamte Verantwortung für die Funktionstüchtigkeit der Fernseh- und Hörfunkversorgung zu. Die Gesellschaft betreibt eine technische Zentrale, in deren Monitoren ein gestörter Übergabepunkt sofort erkennbar wird, so daß der Entstörungstrupp ausrücken kann, bevor die Beschwerde des Kunden eintrifft. Im Falle getrennter Verantwortlichkeiten würde zunächst die Frage auftauchen, wer der Verursacher der Störung ist.

Die schweizerische PTT ist an dem System nur als Lizenzgeber und Regulierungsbehörde für technische Standards beteiligt.

Die Investition pro Wohneinheit wird im Stadtbereich mit sfrs 500,— (ca. DM 600,—) angegeben. In ländlichen Gemeinden liegt die Investition pro Wohneinheit bei sfrs 1.100,— (DM 1.320,—). Der Unterschied zwischen den beiden Investitionsbeträgen ist vor allem dadurch zu erklären, daß in der Stadt von einem Übergabepunkt viel mehr Wohnungen versorgt werden als auf dem Land. Wenn man bedenkt, daß ein Betrag von sfrs 500,— pro Wohneinheit sich nach vieljähriger Erfahrung eingestellt hat, und wenn man berücksichtigt, daß die technische Qualität des BK-Netzes in der Schweiz erstklassig ist, dann ist der in Kapitel 2 für den Ausbauplan der Deutschen Bundespost vorgesehene Betrag von DM 1.620,— pro Übergabepunkt, bei z. B. drei anschließbaren Wohneinheiten, also DM 540,— pro Wohneinheit, als plausibler Vergleichswert zu bezeichnen. Beide Werte enthalten nicht die zentralen Einrichtungen und die Hausverkabelung, sondern nur das BK-Netz von der Kopfstelle bis zum Übergabepunkt.

Ergänzend sei angemerkt, daß die Investition für die Hausverkabelung pro Wohneinheit mit ca. sfrs 150,— angegeben wird. Auch dies entspricht den deutschen Vergleichswerten.

Die technischen Betriebskosten der Wartung und Entstörung liegen zwischen sfrs 0,80 und sfrs 1,— pro Wohneinheit und Monat. Darin sind die Meßwagen, die Netzwartung, die technische Zentrale, auch Kabelumlegungen und kleinere Veränderungen enthalten, allerdings nicht die Wartung des Hausnetzes. Die Stromkosten sind vernachlässigungsfähig. Die Zahlungen an die PTT für die Benutzung von Leerrohren und anderen Anlagen betragen monatlich nur sfrs 0,01 pro Wohneinheit.

Die Administrationskosten für das Gesamtsystem werden mit sfrs 1,60 pro Wohneinheit und Monat angegeben. Sowohl die Betriebskosten als auch die Administrationskosten sind ständig im Sinken begriffen, weil sie mit der Netzgröße relativ abnehmen. Für die Wartung des Netzes reicht das ursprünglich eingesetzte Personal aus, obgleich das Netz inzwischen auf mehr als die zweifache Größe angewachsen ist.

Die Akquisitionskosten betragen nach langjähriger Erfahrung pro Wohneinheit ca. sfrs 60,—. Hierzu ist allerdings anzumerken, daß die Kabelgesellschaft eben nicht mit dem einzelnen Haushalt kontrahiert, sondern nur mit Hauseigentümern, so daß sich die Akquisitionskosten pro Übergabepunkt durch die Anzahl der Wohneinheiten teilen lassen und sich so der geringe Betrag erklärt.

Besonderes Interesse verdient die Struktur der Entgelte (Tarife), die von den Teilnehmern zu entrichten sind. Sowohl die einmalige Anschlußzahlung als auch die laufenden monatlichen Zahlungen sind nach Anzahl der Wohneinheiten pro Haus und zusätzlich nach der Bebauungsweise (freistehendes Haus, angebautes Haus) gestaffelt. Damit wird erreicht, daß ein Teilnehmer im Einfamilienhaus wesentlich mehr zahlt als ein Teilnehmer in einem Hochhaus. Während die Höhe des Entgeltes beim Einfamilienhaus an der Investition für eine komfortable Dachantenne orientiert ist und ca. sfrs 2.200,— (DM 2.600,—) einmalige Anschlußtaxe und monatlich sfrs 20,30 (DM 24,40) beträgt, zahlt ein Teilnehmer in einem Hochhaus mit 100 Wohneinheiten eine einmalige Anschlußtaxe von sfrs 54,10 (DM 64,90) und dann monatlich sfrs 6,80 (DM 8,20). Der Verlauf der Preisdegression ist aus Abbildung 3 für die Einmalzahlung und aus Abbildung 4 für die monatliche Zahlung ersichtlich. Alle Beträge wurden in DM umgerechnet.

Obgleich die vorstehend genannten Zahlen — im Interesse der Vergleichbarkeit zu den deutschen Planungen — auf die Wohneinheit, also auf den Teilnehmerhaushalt bezogen sind, rechnet doch die schweizerische Kabelfernsehgesellschaft das Entgelt nicht direkt den Wohneinheiten zu, sondern

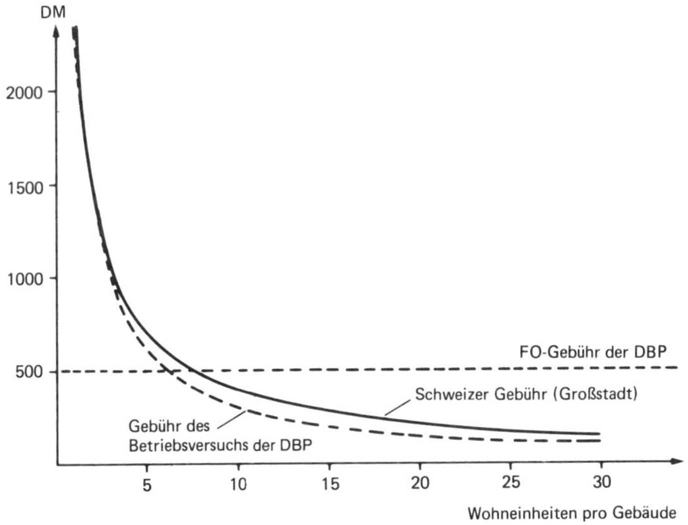

Abbildung 3: Einmalige Anschließungsgebühren je Wohneinheit im Vergleich

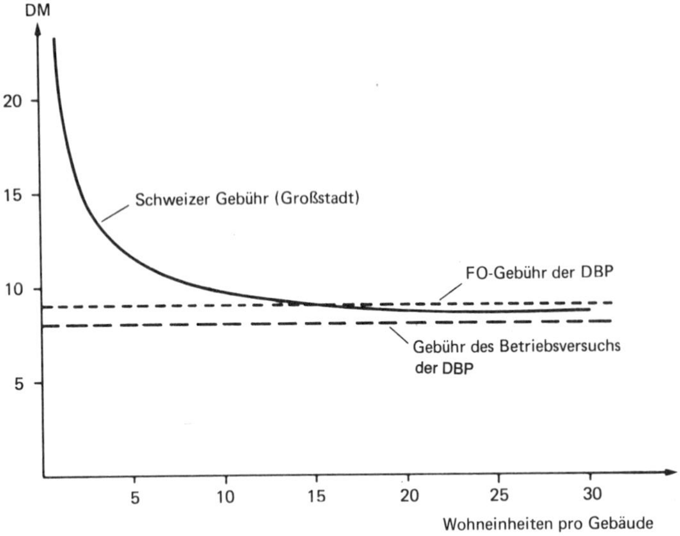

Abbildung 4: Monatliche Gebühren je Wohneinheit im Vergleich

dem Übergabepunkt, denn Vertragspartner ist der Hauseigentümer. Lediglich im Einfamilienhaus fallen beide Berechnungen zusammen.

Wenn man die geltenden Gebühren nach der Fernmeldeordnung mit dem Tarif der schweizerischen Kabelgesellschaft vergleicht, muß man unmittelbar erkennen, daß die deutschen Gebühren niedrig sind und durch das Fehlen einer Staffelung nach Wohndichte nur für Ein- und Wenigfamilienhäuser interessant sind. Dagegen weist der Betriebsversuch der Deutschen Bundespost bereits in die Richtung einer Preisdegression, wie sie sich in der Schweiz bewährt hat. Allerdings müßte dann konsequent das Entgelt für Ein- und Wenigfamilienhäuser entsprechend erhöht werden.

Bedenken hinsichtlich der Höhe der Entgelte können nach den schweizerischen Erfahrungen nicht begründet werden. Trotz der genannten hohen Entgelte ist aber für das Gesamtgebiet der Schweiz bereits heute eine Akzeptanz von über 60 % der vorhandenen Haushalte erreicht worden.

Die vorstehend genannten Tarife gelten lediglich für den Breitbandanschluß, also für den Empfang von Programmen, für die kein besonderes Entgelt gefordert wird. Zusätzlich wird den Teilnehmern ein Abonnementkanal mit Spielfilmen ohne Werbung angeboten. Dafür sind sfrs 28,— monatlich zu entrichten.

3.2 Österreich

Das Errichten und Betreiben von Breitbandverteilanlagen ist in Österreich seit 1977 in einer Novelle zur Rundfunkverordnung geregelt. Private Unternehmen erhalten eine „gesonderte Bewilligung“, um in einem definierten Versorgungsbereich auch öffentliche Wege kreuzen zu können. Diese Bewilligung wird unbefristet erteilt.

Seitdem hat sich in Österreich eine größere Anzahl privater Betreiber von Breitbandverteilnetzen etabliert. Die österreichische Post beschränkt sich auf den Weitverkehr von Rundfunksignalen. Unter Einbeziehung von Gemeinschaftsantennenanlagen, die bereits vor 1977 entstanden waren, sind gegenwärtig in Österreich ca. 280.000 Haushalte an Einzelnetze unterschiedlicher Größe angeschlossen. Das umfangreichste Netz besteht in Wien mit 100.000 Anschlüssen, ein weiteres großes Netz mit ca. 40.000 Anschlüssen befindet sich im Raum Linz.

Das Gesamtmanagement, das Planung, Finanzierung, Festlegung der Gebühren, Bauausführung, Akquisition, Programmanlieferung, technische Wartung und Teilnehmerbetreuung umfaßt, befindet sich jeweils in einer Hand. Allerdings darf diese private Gesellschaft nur die inländischen österreichischen Programme sowie importierte Auslandsprogramme unverkürzt und zeitgleich verbreiten. Eine eigene Programmproduktion ist ihr untersagt.

Die Struktur der Teilnehmerentgelte ist sehr unterschiedlich. Während in Wien ein Anschlußentgelt von umgerechnet ca. DM 400,— verlangt wird und die Amortisation der Investitionen aus einem verhältnismäßig hohen Monatsentgelt von DM 20,— erfolgt, verlangen andere Kabelgesellschaften (z. B. im Burgenland und im Land Salzburg) die volle Erstattung des Investitionsbetrages zum Zeitpunkt des Teilnehmeranschlusses (DM 1.500,— und mehr) und entsprechend niedrige monatliche Zahlungen (DM 10,— und darunter).

Die in der Bundesrepublik Deutschland und in anderen Ländern auftretenden Probleme der Einspeisung einer hohen Programmanzahl in alte, nicht nachbar- und sonderkanaltaugliche Empfangsgeräte wurden in Wien von vornherein ausgeschaltet, indem die Signale nach ihrem Transport im VHF-Bereich in die UHF-Ebene umgesetzt werden. Da alle Fernsehgeräte mit UHF-Tunern ausgestattet sind, kann eine große Anzahl von Programmen ohne zusätzliche Installation eines Konverters empfangen werden. Allerdings liegen die Investitionen für das Netz daraufhin relativ hoch. Da andererseits in den Verkabelungsgebieten Wiens durchschnittlich 10 Wohneinheiten pro Haus (Übergabepunkt) einbezogen werden, ergibt sich pro anschließbarer Wohneinheit nur ein Investitionsbetrag von umgerechnet DM 477,—. Ein unmittelbarer Vergleich mit den für Deutschland ermittelten Zahlen ist wegen der genannten Unterschiede nicht möglich.

Besonders günstig hat sich die Tatsache ausgewirkt, daß der private Betreiber des Breitbandverteilnetzes auch das Hausnetz in seine Konzeption miteinbeziehen konnte. Die herangezogenen Handwerksfirmen arbeiten im direkten Auftrag und unter Koordinierung des Netzbetreibers.

3.3 Niederlande

Von den in den Niederlanden vorhandenen 5 Mio. Haushalten sind heute 3,3 Mio., also 66 % aller Haushalte, mit einem Breitbandkabelnetz versorgt. Davon haben sich 85 % der Haushalte entschlossen, zahlende Kunden zu werden. Eine Anschlußdichte von 85 % kann im internationalen Vergleich als sehr hoch angesehen werden (allerdings verfügt Belgien über noch etwas höhere Werte). Die im vorliegenden Bericht angenommene Anschlußdichte für die Ausbaupläne der Deutschen Bundespost sind mit 60 % also vorsichtig angesetzt. Der Versorgungsgrad von 66 % ist in einem Land, das weite Agrarflächen aufweist, ebenfalls als hoch zu bezeichnen.

Die Versorgung mit Kabelanschlüssen ist nicht landesweit organisiert. Die PTT ist auf diesem Gebiet nicht selbst tätig, allenfalls durch Tochtergesellschaften und Joint Ventures. In den Niederlanden existiert eine Fülle von Einzelnetzen nebeneinander, die vor allem von Gemeinden und privaten Kabelgesellschaften betrieben werden. Die technische Ausstattung, die Größe und die Erlösstruktur der Netze ist in den einzelnen Städten und Gemeinden sehr unterschiedlich. Die PTT erteilt Lizenzen für die Errichtung von BK-Netzen und das Betreiben von Satellitenantennenanlagen mit Vorgabe der technischen Standards. Das Monopol liegt rechtlich nach wie vor bei der PTT, nur wird es eben an private Kabelgesellschaften und Gemeinden weitergegeben.

Zur Höhe der Investitionen ist festzustellen, daß die Einzelnetze im Verlaufe der letzten zwanzig Jahre mit unterschiedlichem Anspruch und Aufwand errichtet wurden. Grundsätzlich wird nur die Bandbreite bis 300 MHz genutzt. Viele Einzelnetze bieten lediglich 12 Kanäle, modernere Netze allerdings 20 Fernsehkanäle und 30 Ukw-Hörfunkkanäle an. Auf die Nachbarkanalbelegung wird weitgehend verzichtet. Eine Besonderheit der niederländischen Technik ist darin zu sehen, daß in die Häuser hinein keine Netze mit Baumstrukur verlegt werden, sondern jede einzelne Wohneinheit vom Endverstärker ausgehend über ein Mini-Sternnetz individuell versorgt wird. Dort wird auf UHF umgesetzt. Durch eine solche Technik wird das

Hausnetz in das BK-Netz einbezogen. Es gibt also keine Begrenzung am Übergabepunkt wie in der Schweiz und in der Bundesrepublik Deutschland.

Um Vergleichszahlen zur Höhe der Investitionen aus der niederländischen Verkabelungspraxis zu nutzen, wird das Zahlenmaterial aus einem neu errichteten Kabelnetz mit 27.000 Haushalten herangezogen:

Die Investitionssumme beträgt hfl 24 Mio., also pro Wohneinheit hfl 889,— (ca. DM 782,—). In diesem Wert sind die Investitionen für das Hausnetz eingeschlossen. Dieses ist — wegen des teuren Mini-Sterns — sogar besonders aufwendig, nämlich pro Wohneinheit hfl 382,— (ca. DM 337,—) auf privatem Grund. Die Investition ohne Hausnetz würde dann — um einen Vergleich zu Deutschland zu ermöglichen — hfl 507,— (ca. DM 446,—) betragen. Da in diesem Netz sämtliche Bewohner von dem Kabelangebot Gebrauch gemacht haben, fällt die Investition pro anschließbarer Wohneinheit und pro angeschlossener Wohneinheit zusammen. In anderen Netzen wird eine Anschlußdichte von 70 bis 90 % erreicht.

Seit einiger Zeit wird der Satellitenempfang diskutiert. Mehrere Satellitenantennen sind bereits in Betrieb. Die PTT erteilt Lizenzen nach einem Pflichtenheft. Eine Nachrichtensatellitenantenne wird zu den gleichen Investitionsbeträgen kalkuliert, wie sie in Deutschland für semiprofessionelle Anlagen angesetzt sind.

Die Betriebskosten für die zentrale Einrichtung und das BK-Netz werden mit etwa 3 % der Investitionssumme ausgewiesen, entsprechen also den Annahmen der Deutschen Bundespost.

Die vom Teilnehmer zu bezahlenden Entgelte betragen über das Gesamtgebiet der Niederlande im Durchschnitt hfl 200,— Eintrittsgeld und hfl 14,— laufende monatliche Zahlung.

Damit wird ein weiteres Mal deutlich, daß die für die Bundesrepublik Deutschland vorgesehenen monatlichen Gebühren relativ niedrig sind.

Die Preise für den Eintritt und die laufende Nutzung streuen in den Niederlanden von Gemeinde zu Gemeinde stark. Es gibt Einzelnetze, die ohne Eintrittspreis und dafür mit relativ hohen monatlichen Entgelten (sehr häufig hfl 15,— und hfl 17,—, bis etwa hfl 20,— monatlich pro Wohneinheit) bewirtschaftet werden. Dem stehen andere Einzelnetze entgegen, in denen der Eintrittspreis hfl 500,— bis hfl 800,— beträgt und zum Ausgleich die monatlichen Zahlungen zwischen hfl 5,— und hfl 10,— liegen (als Faustregel: pro Programmkanal hfl 1,— mehr). Offensichtlich wird hier die Mentalität der potentiellen Teilnehmer berücksichtigt, die sich einerseits in der Eigenheimmentalität (hohe Einmalgebühr, niedrige laufende Zahlung) und andererseits in der Mietermentalität (möglichst keine Einmalgebühr und dafür entsprechend höhere monatliche Zahlungen) niederschlägt.

Insgesamt ist die Situation in den Niederlanden nicht durch technische und wirtschaftliche Gleichheit von Infrastrukturleistungen, sondern durch eine große Unterschiedlichkeit des Angebots und der Preise gekennzeichnet. Damit ist den differenzierten Wünschen der Bevölkerung offensichtlich gut entsprochen worden, denn mit einer Versorgungsdichte von über 66 %, einer Anschlußdichte von 85 % und voller Amortisationsfähigkeit der Investitionen kann die holländische Entwicklung als erfolgreich bezeichnet werden.

3.4 USA

In den USA verfügt das Kabelfernsehen über eine lange Tradition, die bis in die fünfziger Jahre zurückreicht. Zunächst bildeten sich kleinste Inselnetze in der Mentalität von Gemeinschaftsantennenanlagen, um einen terrestrischen Empfang für die Bewohner ungünstig gelegener Gebiete zu ermöglichen. Erst schrittweise ist dann ab der Mitte der sechziger Jahre das Angebot durch Heranführung terrestrisch übertragener Programme angereichert worden. Durch die Einspeisung dieser ortsüblich zunächst nicht empfangbaren Programme ist der Beginn des eigentlichen Kabelfernsehens (und nicht mehr des Gemeinschaftsempfangs) markiert. In der Mitte der siebziger Jahre wurden Lizenzen für das Betreiben eines Kabelfernsehsystems an bestimmte Bedingungen geknüpft (offener Kanal, Gemeindekanal, Bildungskanal), so daß größere Kabelgesellschaften begannen, eigene Studios und eigene lokale Programme bereitzustellen. Gleichzeitig begann das Pay-TV in der Form des monatlichen Kanalabonnements. Mit dem Aufkommen der Nachrichtensatelliten wurde auch der Ferntransport von Programmen im Grundangebot (basic cable) und im Pay-Angebot erweitert.

Träger des Kabelfernsehens waren von vornherein private Gesellschaften. Es ist nie daran gedacht worden, US Mail oder AT&T (als den staatlich regulierten privaten Fernmeldebetrieb) als Betreiber von Kabelfernsehnetzen zu lizensieren.

Zur Veranschaulichung des heutigen Entwicklungsstandes können die folgenden Zahlen dienen:

- Fernsehhaushalte: 84 Mio.,
- Marktpotential (anschließbare Wohneinheiten = homes passed): 60 Mio. Wohneinheiten,
- angeschlossene Teilnehmer an Basic Cable (subscriber): 35 Mio. Wohneinheiten,

— Anschlußdichte (angeschlossene Wohneinheiten in Prozent der anschließbaren Wohneinheiten): 58 %,

— Anzahl der Kabelsysteme: ca. 6.000,

— häufigste Anzahl der empfangbaren Kanäle: 6 bis 12 für die alten und kleinen Systeme, 30 bis 53 Kanäle für modernere Systeme. Die erste Gruppe umfaßt 34 % der Systeme und nur 17 % der Teilnehmer, die zweite Gruppe umschließt 31 % der Systeme und erreicht 51 % der Teilnehmer.
(Quelle: NCTA, Juni 1984)

Es ist kein USA-bundesweites Kabelfernsehnetz entstanden oder je angestrebt worden. Das Kabelfernsehen in Amerika besteht (wie in den meisten anderen Ländern) aus Einzelnetzen, die untereinander nicht kommunizieren, allenfalls durch Zusammenschluß von Kleinstnetzen über Richtfunk miteinander verbunden sind. Den Normalfall bildet heute der Empfang von Basic- und Pay-Programmen über Nachrichtensatelliten, so daß an der Kopfstation des Kabelfernsehnetzes nicht nur eine terrestrische Rundfunkempfangsstelle, sondern auch eine Nachrichtensatellitenantenne steht. Da in den USA eine Mehrzahl von Satelliten für die Fernseh- und Hörfunkübertragung eingesetzt ist und die Satelliten an unterschiedlicher Stelle im Orbit stehen, ist es für ein modernes Kabelfernsehnetz typisch, daß eine Batterie von Satellitenantennen installiert ist.

Die Größe der Einzelnetze ist aus Tabelle 2 ersichtlich. Die aus der Tradition der Gemeinschaftsantennen gewachsenen Kleinsysteme mit weniger als 1.000 teilnehmenden Haushalten umschließen zwar 46 % der Systeme, aber nur 4 % der Teilnehmer. In der Größenklasse zwischen 1.000 und 10.000 angeschlossenen Wohneinheiten liegen 42 % der Systeme, die allerdings 30 % der Teilnehmer erreichen. Die Durchschnittsgröße eines solchen, auch für den Satellitenempfang voll funktionsfähigen Systems, liegt bei 3.400 angeschlossenen Wohneinheiten. Systeme mit einer Teilnehmerzahl zwischen 10.000 und 20.000 erreichen 19 % der Teilnehmer, die größeren Systeme zwischen 20.000 und 50.000 Teilnehmern erreichen über 27 % der Teilnehmer und die wenigen Großsysteme versorgen 20 % der Teilnehmer.

Tabelle 2: Größe von Kabelfernsehsystemen in den USA

Teilnehmer (subscriber)	in % aller Systeme	in % aller Teilnehmer	Durchschnittsgröße (subscriber)
unter 1.000	46	4	430
1.000—10.000	42	30	3.400
10.000—20.000	7	19	14.000
20.000—50.000	4	27	30.000
über 50.000	1	20	82.000
	100 %	100 %	

Quelle: NCTA, Juni 1984; eigene Berechnungen

Insgesamt wird erkennbar, daß diese großflächige Versorgung mit Kabelfernsehanschlüssen nicht eine zusammenhängende Infrastruktur darstellt, sondern aus Einzelnetzen besteht, die über Satelliten mit Fernseh- und Hörfunkprogrammen versorgt werden. Dabei sind durchaus auch die kleineren Netze ab 3.000 Teilnehmern lebensfähig. Auf der anderen Seite hat gerade in den letzten Jahren eine Konzentration der Netzbetreiber stattgefunden, so daß heute die 25 größten Kabelgesellschaften (multiple system operators) bereits über 20 Mio. (von 35 Mio.) Teilnehmer erreichen.

Unter Rückgriff auf die Ausführungen in Abschnitt 1.3 (Öffnung des Medienmarktes) interessiert aus den amerikanischen Erfahrungen, wieviel Teilnehmer von den Programmen erreicht werden. Die Kabelfernsehgesellschaften sind vital daran interessiert, ihren Kunden ein vielfältiges Programmangebot zuzuleiten.

Sämtliche Teilnehmer werden mit den Programmen der großen (privaten) Rundfunkgesellschaften (networks) versorgt. Hierzu besteht sogar eine Pflicht. Darüber hinaus können die Kabelgesellschaften entscheiden, welche zusätzlichen ortsmöglichen, über Satelliten herangeführten oder selbst zusammengestellten Programme angeboten werden. Die betriebswirtschaftliche Kunst der Unternehmenspolitik einer Kabelfernsehgesellschaft besteht in dem Schnüren eines für das Versorgungsgebiet bedarfsgerechten Programmpakets. Daraus ergibt sich dann — entsprechend der Preis-Absatz-Elastizität der Nachfrage — die Preispolitik und die Marktstrategie.

Um einen Überblick über die wichtigsten Programme, die über Satellit übertragen werden, zu gewinnen, ist in Tabelle 3 eine Auswahl von Basic- und Pay-Programmen ausgewiesen.

Tabelle 3: Verbreitung ausgewählter amerikanischer Kabeldienste (Ausstrahlung über Satellit, Stand 31. 3. 1984, Quelle: CableVision, 16. 7. 1984).

Programme	Abonnenten
BASIC-Programme	
American Christian Television Systems (ACTS)	1.200.000
Arts and Entertainment	10.500.000
Black Entertainment Television (BET)	6.665.000
Cable News Network (CNN)	28.816.000
CNN Headline News	11.200.000
C-SPAN	18.000.000
CBN Cable Network	23.000.000
Country Music Television	4.100.000
Entertainment & Sports Programming Network (ESPN)	32.700.000
Eternal Word Television Network (EWTN)	2.406.000
Financial News Network (FNN)	16.750.000

The Learning Channel	4.618.000
Lifetime	19.611.000
Modern Satellite Network (MSN)	10.139.000
Music Television (MTV)	21.800.000
The Nashville Network (TNN)	15.900.000
National Christian Network (NCN)	1.200.000
National Jewish Television (NJTV)	4.051.000
Nickelodeon	19.300.000
PTL Satellite Network	10.100.000
Satellite Program Network (SPN)	11.217.000
Silent Network	6.300.000
SIN Television Network	28.068.000
Trinity Broadcasting Network	4.179.000
USA Network	24.300.000
The Weather Channel	12.800.000
WGN-TV	13.896.000
WOR-TV	4.640.000
WPIX-TV	885.000
WTBS-TV	31.600.000
PAY-TV-Programme	
Bravo	225.000
Cinemax	2.700.000
The Disney Channel	1.132.000
Gala Vision	130.000
Home Box Office (HBO)	13.500.000
Home Theater Network (HTN)	275.000
The Movie Channel (TMC)	3.100.000
The Playboy Channel	700.000
Showtime	5.400.000
HÖRFUNK-Programme	
Cable Jazz Network	26.000
Lifestyle	2.500.000
Love Sounds	20.000
Moody Bible Institute	511.000
Nice and Easy	40.000
Satellite Jazz Network	850.000
Satellite Radio Network	400.000
SCAN	163.000
WFMT	995.000
TEXT-Dienste	
AP News Cable	4.700.000
Dow Jones Cable News	2.225.000
Electronic Program Guide (EPG)	3.019.000
Genesis Storytime	175.000
Reuters News View	4.100.000

Im Umfang der erreichten Teilnehmer ragt der Unterhaltungs- und Sportkanal (ESPN) mit 32,7 Mio. Teilnehmern heraus. Aber auch der Nachrichtenkanal (CNN) mit 26,8 Mio. Teilnehmern, der Musikkanal (Music Television) mit 21,8 Mio., das Gesundheitsprogramm (Lifetime) mit 19,6 Mio., das Finanzprogramm (FNN) mit 16,7 Mio., der Wetterkanal (The Weather Channel) mit 12,8 Mio. und der Bildungskanal (The Learning Channel) mit 4,6 Mio. Teilnehmern belegen die stattliche Größe und Vielfalt des amerikanischen Medienmarktes.

Neben diese vorstehend genannten Programme, die als Grundangebot (basic service) mit einer monatlichen Zahlung von durchschnittlich $ 9,— abgegolten werden, treten die Abonnementkanäle (Pay-TV), die im wesentlichen Filme und Tagesereignisse ohne Unterbrechung durch Werbespots anbieten. Hier ragt Home Box Office mit 13,5 Mio. Abonnenten und Show-Time mit 5,4 Mio. Abonnenten heraus.

Während für ein Basic-Angebot ein Publikum von über 10 Mio. Teilnehmern angestrebt wird und im Falle des in der Abgeltung der Rechte teuren Sportkanals (ESPN) auch noch bei 30 Mio. Teilnehmern Schwierigkeiten mit der Kostendeckung bestehen, benötigen die Pay-Programme einen Mindestmarkt von etwa 2 Mio. Teilnehmern. Für einen einzigen dieser Pay-Kanäle wird ein monatliches Entgelt von ca. $ 10,— verlangt. Bei den verschiedenen Anbietern von Pay-TV-Programmen haben in den USA insgesamt 18 Mio. Teilnehmer 26 Mio. Abonnements. Dies bedeutet 1,4 abonnierte Kanäle pro Teilnehmer.

Während die Pay-Angebote durch kanalspezifische Entgelte bezahlt werden und nicht auf Werbeeinnahmen angewiesen sind, finanzieren sich die Basic-Angebote im wesentlichen über Werbeeinnahmen, zum geringeren Teil durch Zahlung der Kabelgesellschaften an den Programmanbieter (wie z. B. beim Nachrichtenkanal CNN).

Entgegen einer weitverbreiteten Meinung hat das Kabelfernsehen in den USA nicht in den Großstädten begonnen. Auch heute noch finden sich die erfolgreichen Kabelfernsehgesellschaften bevorzugt in den Wohngebieten am Rande von Industrie- und Verwaltungszentren sowie in mittelgroßen Städten. In den Stadtkernen ist die Errichtung eines Kabelnetzes schwierig und kostspielig, weil Tiefbauarbeiten notwendig sind und die Bevölkerungsgruppen so heterogen sind, daß sich ein homogenes Programmpaket mit hinreichender Marktannahme nur schwer schnüren läßt. Auf der anderen Seite ist in ländlichen Gebieten mit geringer Besiedlung (die es in dieser Weise allerdings in Europa kaum gibt) die Entfernung zwischen den potentiellen Teilnehmern so groß, daß ein amortisationsfähiges, d. h. vom Teilnehmer bezahlbares Netz nicht entstehen kann.

Die Gebiete mittlerer Besiedlungsdichte, die typischen Residencial Areas mit Tausenden von Einfamilienhäusern in einer durchgehenden Gartenlandschaft erlauben es, das Kabel (wie das Telefonnetz) oberirdisch zu verlegen. Das ausschlaggebende Kriterium für die Amortisationsfähigkeit der Investition ist die Anzahl der potentiellen Teilnehmer (anschließbaren Wohneinheiten = homes passed) pro Meile. In einem Flächenstaat wie den USA mit den Ausmaßen eines Kontinentes wird der Entfernungsmaßstab zum Kriterium der wirtschaftlichen Beurteilung. Folgerichtig werden auch die Investitionen auf die Kabelmeile zugerechnet, und zwar nicht nur die eigentlichen Kabel- und Verlegekosten, sondern auch die Investitionen für zentrale Einrichtungen einschließlich des Studios.

Unter Berücksichtigung der Wohneinheiten pro Meile und der Investition pro Meile läßt sich dann die Investition pro anschließbarer (home passed) und angeschlossener Wohneinheit (subscriber) errechnen.

Die Hausverkabelung ist in dem Investitionsvolumen ebenfalls enthalten, weil — entgegen der Rechtslage in Deutschland — die Kompetenz der Kabelgesellschaft nicht an der Grundstücksgrenze haltmacht. Sofern mehrere Wohneinheiten im Gebäude existieren, wird ein echtes Baumnetz verlegt, d. h. jeder Teilnehmer erhält eine eigene Abzweigung vom Kabelstrang (die Durchschleiftechnik von Steckdose zu Steckdose ist unüblich). Diese Netzstruktur wird gewählt, um jeder einzelnen Wohneinheit die Möglichkeit zu geben, zahlender Teilnehmer zu werden oder auch die Teilnahme aufzukündigen.

Im Jahre 1982 haben die US-amerikanischen Kabelfernsehgesellschaften insgesamt $ 1.757 Mio. in die Errichtung neuer und die Erneuerung alter Kabelnetze investiert. Diese Aktivität bezog sich auf 116.190 Kabelmeilen (Quelle: Dawson, CableVision 10. 1. 1983). Um zu Vergleichszahlen gegenüber der in Deutschland erst beginnenden Investition zu gelangen, müssen die Investitionen zur Erneuerung alter Netze (und die entsprechenden Kabelmeilen) ausgesondert werden. Das Erneuerungsvolumen ist besonders deshalb nicht vergleichbar, weil es sich im wesentlichen um die Erhöhung der Kanalzahl (Verstärkerumrüstung) und um die Veränderung zentraler Einrichtungen handelt.

Für den Aufbau neuer Kabelsysteme (83.768 Meilen) wurden $ 1.640 Mio. investiert, also durchschnittlich $ 19.580,— pro Meile (Quelle: Dawson, CableVision 10. 1. 1983). Die Anzahl der anschließbaren Wohneinheiten (homes passed) in neuerrichteten Netzen stieg damit um 7,5 Mio. Wohneinheiten. Somit ergibt sich eine durchschnittliche Investition pro anschließbarer Wohneinheit von ca. $ 220,—. Um den Vergleich zu den Planzahlen der Deutschen Bundespost zu ziehen, kann der Betrag von $ 220,— nicht unter Berücksichtigung des derzeitigen Dollarkurses umgerechnet werden. Vielmehr empfiehlt sich eine Umrechnung nach der Kaufkraftparität. Diese beträgt nach amerikanischen Konsumgepflogenheiten $ 1,— = DM 2,64 und nach deutschen Konsumgepflogenheiten $ 1,— = DM 2,— (Quelle: Blick durch die Wirtschaft vom 20. 9. 1984). Die Investition pro anschließbarer Wohneinheit in den USA beträgt also umgerechnet DM 581,— bzw. DM 440,—. Dieser Betrag ist im Vergleich zu den in Abschnitt 2.1.1 berechneten Investitionen in Deutschland sehr niedrig. Denn in der amerikanischen Investition sind sowohl die zentralen Einrichtungen als auch die Hausverkabelung eingeschlossen. Bei der Besiedlungsstruktur (Einfamilienhäuser) stellt allerdings die Hausverkabelung keinen ins Gewicht fallenden Faktor dar. Auch sind die zentralen Einrichtungen (insbesondere bei kleineren Netzen) sparsam dimensioniert. Vor allem muß gesehen werden, daß im Gegensatz zu der europäischen Gepflogenheit sogar die neuen Kabelnetze in den USA nur zu 12 % (1982) unterirdisch verlegt wurden. Wenn man bedenkt, daß in Deutschland das Investitionsvolumen für Kabelnetze zu 60 % aus Tiefbau besteht, dann wird deutlich, daß die weitgehende Einsparung dieses Postens von ausschlaggebender Bedeutung ist.

Das günstige Investitionsvolumen pro anschließbarer Wohneinheit in den USA erklärt sich jedoch nicht nur aus der oberirdischen Verlegung und anderer vereinfachender Technik, sondern ist auch das Resultat jahrzehntelanger Erfahrung mit dem Kabelfernsehen. Aus der Praxis der amerikanischen Investitionstätigkeit wird berichtet, daß in der Anfangsphase (und auch heute noch bei einem Neubeginn von Gesellschaften) erhebliche Fehlinvestitionen und unnötige Ausgaben vorgenommen wurden. Es darf also auch für Europa und damit für die Investitionstätigkeit in der Bundesrepublik Deutschland vermutet werden, daß die derzeit noch relativ hohen Investitionsbeträge mit wachsender Erfahrung sinken werden.

Im übrigen sind die Investitionswerte auch in den USA zur Zeit steigend, denn die wirtschaftlich günstigen Verkabelungsgebiete sind weitgehend erschöpft, und die Verkabelung im Stadtkern verursacht erheblich höhere Investitionen. Während im Jahr 1982 eine Kabelmeile durchschnittlich noch unter $ 20.000,— fertiggestellt werden konnte, muß bei unterirdischer Verlegung in Großstädten mit einem Mehrfachen dieses Betrages gerechnet werden. Allerdings steigt gleichzeitig die Anzahl der erreichbaren Subscriber pro Meile.

Um die Brücke von den Investitionen zu den Entgelten der Teilnehmer zu schlagen, darf sich die Berechnung nicht auf den Investitionswert pro anschließbarer Wohneinheit (home passed) beschränken, sondern muß die effektive Teilnehmerdichte (subscriber) berücksichtigen. Bei einer grob gerechneten 50prozentigen Dichte muß die Investition pro anschließbarer

Wohneinheit verdoppelt werden, um zu der Investition pro Subscriber zu gelangen: $ 440,—.

Um die Amortisation der Investition pro Teilnehmer abwägen zu können, ist das durchschnittliche Entgelt (Einmalzahlung und laufende monatliche Zahlung) zu berücksichtigen. In den USA ist es nicht üblich, die in Europa geläufigen hohen Eintrittspreise (Anschlußgebühren) zu bezahlen. Im allgemeinen wird lediglich ein Betrag von $ 10,— bis $ 50,— als einmaliges Anschlußentgelt verlangt. Die monatlichen Entgelte für Basic Cable liegen zwischen $ 5,— und $ 15,—, im Durchschnitt bei $ 8,92 (1984, Quelle: NCTA, Juni 1984). Hinzu kommen die Entgelte für Pay-TV, die im Durchschnitt pro Monat $ 10,57 betragen. Im Hinblick auf die Pay-Programme ist zu berücksichtigen, daß viele Kabelgesellschaften einen Rabatt gewähren, wenn mehrere Pay-Kanäle abonniert werden, so daß die Kabelnetze bei verschiedener Paketgestaltung unterschiedlich rentabel sind.

Die Amortisation der Investition ist angesichts einer solchen finanziellen Situation unproblematisch. Wenn bereits die monatliche Zahlung für Basic Cable in Höhe von rund $ 9,— (nach Abzug der laufenden Kosten) in vier Jahren fast ausreicht, um die Investition abzudecken, ohne daß die zusätzlichen Erträge aus Pay-Programmen einbezogen sind, dann wird die Faustregel verständlich, daß sich ein Kabelfernsehnetz in fünf bis acht Jahren amortisiert. Dem steht auch nicht entgegen, daß die Betriebskosten für ein oberirdisch verlegtes Netz (Witterungseinfluß, Verstärkerauswechslung) erheblich teurer sind als ein in Europa unterirdisch verlegtes Netz.

Die kaufmännische Erfolgslage amerikanischer Kabelnetze war in den vergangenen zwanzig Jahren so günstig, daß Fehlinvestitionen kaum befürchtet werden mußten. Selbst das unvermeidliche Lehrgeld für Anfänger zahlte sich im Laufe der Zeit stets aus. In den letzten Jahren hat sich diese günstige Situation verändert. Denn die steigenden Ansprüche der Gemeinden im Rahmen der Ausschreibung von Lizenzen steigerten sich gegenseitig in betriebswirtschaftlich nicht mehr zu rechtfertigende Höhen. Sowohl die Lizenzzahlungen an die Gemeinde (franchise) stiegen ständig als auch die geforderte Kanalzahl (bis zu 120 Kanälen) und die Ansprüche gegenüber zentralen Einrichtungen (Studio für Bildungskanal, Gemeindekanal, offenen Kanal). Mit dem Erkennen der betriebswirtschaftlichen Amortisationsgrenzen werden diese hochgeschraubten Ansprüche zur Zeit kritisch diskutiert und teilweise wieder zurückgenommen. Auch zusätzliche Dienste in Breitbandverteilnetzen (Fernmessen, Security Service, Datenverkehr) werden heute kritischer gesehen als noch vor wenigen Jahren. Zur Zeit läuft eine offene Diskussion über die wirtschaftliche Nutzung des Rückkanals. Dieser wurde von Warner-Amex im Qube-System (Columbus/Ohio) erprobt und anschließend in weiteren Systemen eingesetzt. Der ökonomische Erfolg blieb zunächst aus. Neuerdings wird in Abwehr des sich schnell entwickelnden Videokassettenmarktes wieder optimistischer über die ökonomischen Möglichkeiten des Rückkanals geurteilt.

Angesichts dieser strenger werdenden Konkurrenz in den Leistungsmerkmalen eines Kabelsystems und unter Berücksichtigung der auch in den USA steigenden Investitionswerte ist die Sensibilität gegenüber der Amortisationsfähigkeit der Netze gestiegen. Man konzentriert sich dabei auf die kritischen Variablen, die für den Erfolg oder Mißerfolg eines Kabelsystems ausschlaggebend sind: die Investition pro Kabelmeile und die Anzahl der Teilnehmer pro Kabelmeile. Der Bezug auf eine Entfernungsgröße ist typisch für die amerikanische Denkweise, die sich mit der besonders lockeren Besiedlungsstruktur auseinandersetzen muß. Obgleich dieses Problem in der Bundesrepublik Deutschland nicht in gleichem Maße existiert (wenn es auch für die Versorgung ländlicher Gebiete nicht unerheblich ist), ist die Umrechnung von Investition und Teilnehmerdichte auf einen Entfernungsmaßstab doch als Orientierungshilfe für das Auffinden günstiger Versorgungsgebiete zu erwägen.

In Abbildung 5 ist der Zusammenhang zwischen Investition pro Meile und Anzahl der Teilnehmer pro Meile im Hinblick auf die Amortisationsfähigkeit des Netzes dargestellt. Wenn man (wie es im Durchschnitt des Jahres 1982 der Fall war) mit Investitionen pro Kabelmeile in Höhe von $ 20.000,— rechnet und der amerikanischen Faustformel „50 Teilnehmer pro Kabelmeile" folgt, dann amortisiert sich das Netz in 4,2 Jahren. Unterstellt sind dabei durchschnittliche monatliche Einnahmen von $ 20,— pro Teilnehmer (einschließlich Pay-TV), von denen $ 8,— pro Monat für die Amortisation des Netzes verwendet werden können (also $ 12,— pro Monat für den Betrieb des Netzes und die Abgeltung von Ansprüchen seitens der Programmanbieter, insbesondere der Pay-Dienste).

Wenn man mit höheren Investitionswerten (1983 durchschnittlich etwa $ 35.000,—), insbesondere in großstädtischen Bebauungsgebieten rechnet, dann ergibt sich für eine Investition pro Meile in Höhe von $ 50.000,— bei 100 Teilnehmern pro Meile eine Amortisationsdauer von 5,2 Jahren. In extremen Bebauungsgebieten (z. B. San Francisco) mit strikter unterirdischer Verlegung, schwierigen Bodenverhältnissen und kompliziertem Hausbestand müssen für die Investition pro Meile weit über $ 100.000,— angenommen werden. Selbst wenn in solchen Fällen die Anzahl der Teilnehmer pro Meile über 100 ansteigt, verlängert sich die Amortisationsdauer auf acht bis zehn Jahre. Neben der Beachtung der Rechengrößen pro Meile rückt nun auch die Teilnehmerdichte (Anzahl der subscriber pro 100 homes passed) in den Vordergrund der Amortisationsüberlegung. Bisher hatte man sich mit einem groben (extrem vorsichtigen) Schätzwert von 50 % Teilnehmerdichte beholfen. Mit höheren Investitionen wächst der Druck, diesen Satz nach oben hin zu verändern.

Überhaupt ist zu beachten, daß die in den USA übliche Orientierungshilfe von 50 % Teilnehmerdichte keine Prognose darstellt, sondern eine Vorgabe (policy) in dem Sinne, daß sich ein Netz bereits bei einer Teilnehmerdichte von 50 % zu amortisieren hat. Jede darüber hinaus tatsächlich erreichte Dichte wird als Gewinn betrachtet und angestrebt. Die tatsächlich erreichte Teilnehmerdichte liegt in den USA um 60 %.

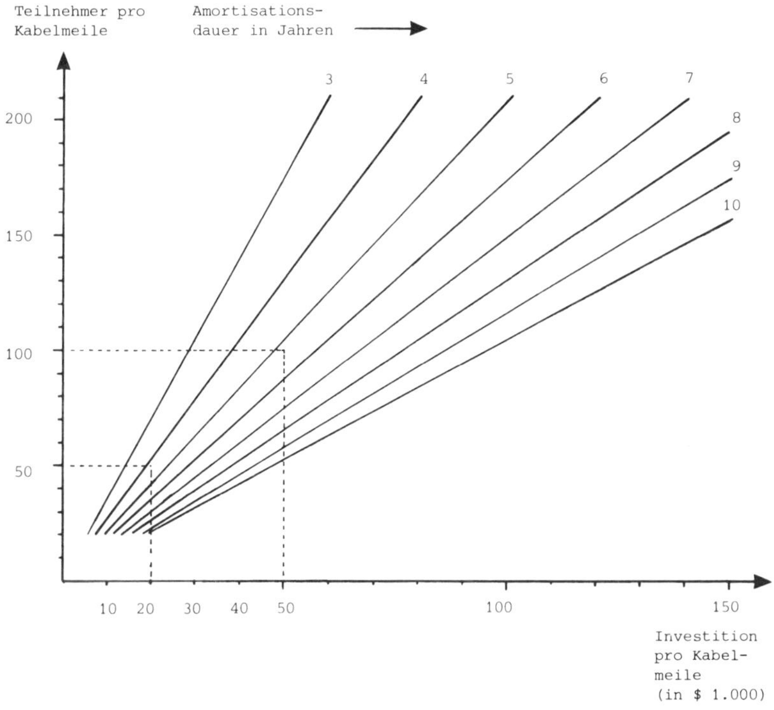

Abbildung 5: Auswirkung von Teilnehmerdichte und Investition pro Kabelmeile auf die Amortisationsdauer (monatliche Einnahmen von $ 20,— pro Teilnehmer)

Aus Abbildung 5 läßt sich noch eine weitere Berechnung ableiten. Da in der amerikanischen Praxis die Anzahl der Wohneinheiten pro Entfernungseinheit (Meile) im Vordergrund steht und damit die Richtlinie verbunden wird, sehr dünn besiedelte Gebiete von der Versorgung auszunehmen, wird (in Umkehr der Bezugsgrößen für die Ordinate in Abbildung 5) statt der Teilnehmer pro Meile die Kabelstrecke pro Teilnehmer als Kennzahl und Orientierungshilfe für eine sinnvolle Netzplanung herangezogen.

Die bereits erwähnte Faustregel in den USA, 100 anschließbare Wohneinheiten (50 tatsächliche Teilnehmer) pro Meile zu erreichen, entspricht einer Streckenlänge (auch Grabenlänge oder Künettenlänge genannt) von 16 m pro anschließbarer Wohneinheit. Dieses Ziel ist in den USA allerdings nicht ganz erreicht worden. Im Jahr 1982 lag der Durchschnitt für alle bis dahin errichteten Netze bei 90 anschließbaren Wohneinheiten pro Meile, d. h. umgerechnet bei 18 m pro anschließbarer Wohneinheit.

Um einen vergleichenden Blick auf europäische Verhältnisse werfen zu können, werden die vorliegenden Vergleichswerte für Wien (Quelle: Telebild, Wien) und für Braunschweig (Quelle: KABELCOM, Braunschweig) herangezogen.

In Braunschweig beträgt die Streckenlänge pro Übergabepunkt bei Stadtkernbebauung 16 m, bei Stadtrandbebauung 28 m und bei ländlicher Bebauung 32 m. Für Wien beträgt die Streckenlänge pro Übergabepunkt knapp 20 m. Wenn man berücksichtigt, daß es in den USA keinen eigentlichen Übergabepunkt gibt, weil das Hausnetz Bestandteil des Netzes der Kabelgesellschaft ist, und wenn man davon ausgeht, daß bei der typischen Einfamilienhausstruktur der amerikanischen Bebauung Übergabepunkt und Wohneinheit zusammenfallen (bzw. pro Haus im Durchschnitt wenig mehr als eine Wohneinheit bedient wird), dann ergeben sich für die Streckenlängen pro Übergabepunkt (in Europa) und pro versorgter Wohneinheit (in USA 18 m) überraschend ähnliche Werte.

Jedoch erkennt man den grundlegenden Unterschied, wenn man auch für Europa die Streckenlänge auf die anschließbare Wohneinheit zurechnet. Da diese als potentielle Einnahmequelle zu werten ist, kommt hier die europäische Tatsache zur Geltung, daß mit den genannten Streckenlängen wesentlich mehr Wohneinheiten versorgt werden als in den USA.

In Braunschweig beträgt die Streckenlänge pro anschließbarer Wohneinheit in der Innenstadt nur 2,56 m. Die entsprechende Zahl für Wien liegt bei 1,83 m. Damit wird sehr deutlich, daß bei dichter Bebauung pro Kabelmeter wesentlich höhere Investitionen vertretbar sind als in dünner besiedelten Gebieten.

Wenn in Abschnitt 2.1.1 die Netzinvestition pro Übergabepunkt mit DM 1.620,— ermittelt wurde, so ist damit implizit auch eine Streckenlänge pro Übergabepunkt berücksichtigt, jedoch nicht ausdrücklich ausgewiesen. Bebauungsgebiete mit großem Abstand zwischen zwei Übergabepunkten würden höhere Investitionen verursachen und damit aus der betriebswirtschaftlichen Kalkulation der Amortisationsfähigkeit herausfallen. Da für Deutschland Erfahrungszahlen über Streckenlänge pro Übergabepunkt (mit Ausnahme von Braunschweig) nicht vorliegen, ist zu empfehlen, diese Kennzahl in der Zukunft zu ermitteln, um eine Faustregel zum Auffinden geeigneter Versorgungsgebiete angeben zu können. Eine derartige Orientierungshilfe ist für die Ausbaupraxis von großem Nutzen. Auch die Bundespost war bereits bemüht, einen Hilfsmaßstab für die vertretbare Investition pro Übergabepunkt zu finden und hat deshalb geprüft, ob eine quantitative Relation zwischen der Anzahl der Wohneinheiten pro Verstärkerpunkt und den Investitionen pro Wohneinheit existiert. Die empirischen Ermittlungen haben jedoch keinen signifikanten Zusammenhang festgestellt (Quelle: Projektgruppe „Vorgaben für BK-Netzausbau", Juni 1984).

Unter Heranziehung der vergleichenden Betrachtungsweisen aus der internationalen Praxis lassen sich zusammenfassend die verschiedenen Kennzahlen (ratios) zur Veranschaulichung der relevanten Variablen gegenüberstellen:

A. Investition pro Meile

B. Anschließbare Wohneinheiten (homes passed) pro Meile

C. Als Umformung aus B: Streckenlänge pro anschließbare Wohneinheit

D. Aus A und B errechnet sich: Investition pro anschließbare Wohneinheit

E. Anschlußdichte (penetration) = Teilnehmer (subscriber) in % der anschließbaren Wohneinheiten

F. Aus A, B und E errechnet sich: Investition pro angeschlossene Wohneinheit

G. Aus B und E errechnet sich: Angeschlossene Wohneinheiten pro Meile

Wenn man die in den USA gebräuchlichen Kennzahlen mit den Berechnungen in Europa (insbesondere in Deutschland) vergleicht, dann zeigt sich, daß die Kennzahlen D, E und F international in gleicher Weise gebräuchlich sind. Der Unterschied im Kennzahlenbewußtsein liegt darin, daß in Nordamerika die Investition und die Anzahl der Wohneinheiten auf ein Streckenmaß (Meile) bezogen werden. Dieser Bezug geht nach den europäischen Gepflogenheiten in die Berechnung der Investition pro Übergabepunkt ein, wenn er auch nicht explizit ausgewiesen wird (mit steigender Entfernung zwischen den Wohneinheiten steigt die Investition pro Übergabepunkt). Auf der anderen Seite ist der Übergabepunkt als Bezugsbasis für die Investition und für die angeschlossenen Wohneinheiten in den USA unüblich, weil es zwischen dem Netz der Kabelgesellschaft und dem Hausnetz keine rechtlich oder wirtschaftlich relevante Signalübergabe gibt.

4. Die Amortisation der Investitionen

Investitionen tragen begriffsnotwendig den Anspruch in sich, durch Einnahmen aus dem Markt amortisiert zu werden. Da für das Errichten und Betreiben von Breitbandverteilnetzen keine Subventionierung (auch keine Quersubventionierung durch andere Dienste der Deutschen Bundespost) vorgesehen ist, konzentriert sich die folgende Berechnung auf die Frage, unter welchen Gegebenheiten und mit welcher Investitionsstrategie amortisationsfähige Netze errichtet werden können.

4.1 Die Amortisationsrechnung

Amortisation bedeutet die Wiedergewinnung der eingesetzten Ausgaben durch Einnahmen. Um festzustellen, ob eine Investition amortisationsfähig ist, müssen also die Ausgabenreihen und die Einnahmenreihen in ihrer betragsmäßigen und zeitlichen Entwicklung geplant und einander gegenübergestellt werden (Schmidt, 1984). Ein Verzicht auf die zeitliche Differenzierung der Zahlungsströme (statische Amortisationsrechnung) verbietet sich im vorliegenden Falle, weil die in die Rechnung einzubeziehenden Größen sich auf ein bis zwei Jahrzehnte erstrecken, die zeitliche Plazierung der Einzelvorgänge also ausschlaggebende Bedeutung gewinnt. In der Unternehmenspraxis wird die statische Rechnung häufig bevorzugt, weil sie einfacher zu handhaben ist und für kurzfristige Investitionsentscheidungen ausreicht.

Bei langfristigen Investitionen zur Errichtung von Anlagen (Grundstoff- und Energieindustrie, Wohnbauten, Infrastrukturen) ist die dynamische Amortisationsrechnung üblich, denn nur mit ihrer Hilfe sind die zeitlichen Relationen zwischen Ausgaben und Einnahmen darstellbar und in ihrer Wirkung auf die Amortisation errechenbar.

Im vorliegenden Falle ist mit einer derartigen Komplexität der verschiedenen Ausgaben- und Einnahmenpositionen zu rechnen, daß ein Computerprogramm unvermeidlich ist, um die Amortisation in Abhängigkeit von den Eingabegrößen und den betrachteten Variablen zuverlässig und schnell ermitteln zu können. Das Programm hierfür ist selbst erstellt worden. Für statistische Berechnungen wird das Software-Paket SPSS herangezogen. Aus der Vielzahl der Berechnungen werden die wichtigsten Befunde als Computerausdruck in den Anhang aufgenommen.

Im Vordergrund steht die Frage nach der Amortisationsdauer, d. h. nach der Anzahl der Jahre, die verstreichen, bis die eingesetzten Geldbeträge für Investitionen und laufende Kosten aus den Einnahmen wiedergewonnen sind. Dabei wird zwischen Amortisation ohne Zins und Amortisation mit Zins unterschieden. Im ersten Fall wird die Amortisation bereits als realisiert angesehen, wenn die kumulierten Einnahmen die kumulierten Ausgaben erreichen, ohne daß eine Verzinsung des eingesetzten Kapitals berücksichtigt ist. Im Falle der Amortisation mit Zins werden die Ausgaben- und Einnahmenströme (mit Zinseszins) auf das Basisjahr abgezinst. Damit wird dem typischen Charakter einer dynamischen Rechnung entsprochen: Eine weit in der Zukunft liegende Zahlung ist heute wesentlich weniger „wert" als eine in der näheren Zukunft stattfindende Zahlung. Eine Zahlung zum gegenwärtigen Zeitpunkt besitzt unter dem Zinseszinsgedanken ihren vollen Wert. Die Amortisation mit Zins ist erreicht, wenn die abgezinsten Einnahmen die abgezinsten Ausgaben decken. Die Amortisation mit Zins wird in den Berechnungen der Deutschen Bundespost als Überschreiten des Break-even-points bezeichnet.

4.2 Eingabegrößen

Für jedes Amortisationsmodell müssen die Eingabegrößen als Berechnungsgrundlagen festgelegt und deutlich deklariert werden, damit erkennbar wird, unter welchen Voraussetzungen die anschließend dargelegten Aussagen gelten. Es handelt sich um die folgenden Größen, die im Kapitel 2 detailliert nachgewiesen und im internationalen Vergleich (Kapitel 3) auf ihre Angemessenheit geprüft werden.

Netzinvestition pro Übergabepunkt: DM 1.620,—

Investition für zentrale Einrichtungen:
Rundfunkempfangsstelle (inklusive BK-Verstärkerstelle)
professionell: DM 391.000,—
semiprofessionell: DM 80.000,—

Nachrichtensatellitenantenne
professionell: DM 202.000,—
semiprofessionell: DM 80.000,—

Investitionen für lokale Programmzentralen, Hausnetze und Teilnehmergeräte werden nicht berücksichtigt.

Nichttechnische Investitionen (Marketing) pro angeschlossene Wohneinheit: DM 150,— (einmalig).

Betriebskosten:
für das BK-Netz 3 % der Investition jährlich,
für die Rundfunkempfangsstelle 3 % der Investition jährlich,
für die Nachrichtensatellitenantenne 6 % der Investition jährlich.

Verwaltungskosten pro angeschlossene Wohneinheit:
DM 18,— jährlich.

Ablieferung der Deutschen Bundespost an den Bund:
10 % vom Umsatz (Einnahmen) jährlich.

Kalkulatorischer Zins (Realzins):
4,5 % p.a.

Teilnehmergebühren (entsprechend der 23. Verordnung zur Änderung der Fernmeldeordnung vom 21. 6. 1983):
Anschließungsgebühr (einmalig): DM 500,—
Anschließungsgebühr bei Subskription: DM 350,—
Monatliche Gebühr: DM 9,—

(Zum Betriebsversuch siehe S. 87 ff.).

Anschlußdichte:
Von den in das geplante Netz einbezogenen (anschließbaren) Wohneinheiten schließen sich bis zum Ende des ersten Jahres (unter Ausnutzung der Subskriptionsgebühr) 35 % an, bis zum Ende des zweiten Jahres weitere 12,5 % und bis zum Ende des dritten Jahres nochmals 12,5 %. Für alle weiteren Jahre wird von einer Anschlußdichte in Höhe von 60 % ausgegangen. Bei einigen ergänzenden Amortisationsberechnungen wird eine Anschlußdichte von nur 50 % angenommen. In diesem Falle wird für das erste Jahr mit 29 %, für das zweite Jahr mit 39,5 % und vom Ende des dritten Jahres an mit 50 % Anschlußdichte gerechnet. Im Falle der extrem pessimistischen Annahme einer Anschlußdichte von 40 % werden für das erste Jahr 23 % und für das zweite Jahr 31,5 % Anschlußdichte unterstellt.

Für die im jeweiligen Jahr hinzukommenden Teilnehmer wird angenommen, daß sie im Durchschnitt für sechs Monate die laufende Gebühr entrichten. In derselben Zeitfolge werden die Verwaltungskosten für die angeschlossenen Wohneinheiten berücksichtigt.

4.3 Amortisationsfähige Netze

Wie in Kapitel 1 dargelegt wurde, ist Gegenstand dieser Untersuchung die Frage, wie ein Breitbandverteilsystem konfiguriert ist, das mindestens 4,4 Mio. Haushalte (Wohneinheiten) als Teilnehmer umfaßt und das aus Einzelnetzen besteht, die je für sich groß genug sind, um zentrale Empfangs- und Einspeisevorrichtungen zu tragen. Damit konzentriert sich die Rechnung auf die Amortisationsfähigkeit von Einzelnetzen unterschiedlicher Größe.

Die Berechnung wird für Netzgrößen von 25.000, 10.000 und 3.000 anschließbaren Wohneinheiten vorgenommen.

In städtischen Besiedlungsgebieten wird das Einzelnetz mit 25.000 und mehr Wohneinheiten vorherrschen. Es wird mit professionellen Rundfunkempfangsstellen und professionellen Nachrichtensatellitenantennen bestückt.

Die Netzgröße von 10.000 Wohneinheiten ist eine auch für andere Fernmeldedienste der Bundespost geläufige Größenordnung. Sie ist für die vorliegende Untersuchung besonders deshalb interessant, weil sie — wie die Berechnungsergebnisse zeigen — die Grenze zwischen der Tragfähigkeit professioneller und semiprofessioneller zentraler Einrichtungen ist.

Die Netzgröße von 3.000 Wohneinheiten betrifft auch kleinere Gemeinden und Siedlungen. Hier werden ausschließlich semiprofessionelle zentrale Einrichtungen in die Berechnung einbezogen.

Da die Investitionen für das Netz auf den Übergabepunkt bezogen sind, die Erlöse jedoch von der Anzahl der Wohneinheiten abhängen, kommt dem Verhältnis von Wohneinheiten pro Übergabepunkt entscheidende Bedeutung zu. Damit rückt die Bebauungsstruktur in dem geographischen Gebiet eines Einzelnetzes in den Vordergrund der Betrachtung. Es wird davon ausgegangen (und ist in der Praxis auch die Regel), daß pro Wohngebäude ein Übergabepunkt errichtet wird.

Unter der Voraussetzung, daß für jede angeschlossene Wohneinheit die gleiche Gebühr anfällt, daß die Investitionen pro Übergabepunkt nicht von der Anzahl der Wohneinheiten pro Übergabepunkt abhängen (Durchschnittsbetrachtung) und daß die Anschlußdichte stets den in Abschnitt 4.2 genannten Verlauf nimmt, ergeben sich die folgenden Befunde:

Amortisation bei FO-Gebühren

In Abbildung 6 wird die Amortisationsdauer eines Einzelnetzes mit 25.000 Wohneinheiten in Abhängigkeit von der Anzahl der Wohneinheiten pro Übergabepunkt dargestellt[8].

Es zeigt sich, daß bei einer durchschnittlichen Anzahl von fünf Wohneinheiten pro Übergabepunkt die Amortisation ohne (mit) Zins in 8 (9) Jahren gelingt (Anlage 2), bei 6 Wohneinheiten pro Übergabepunkt in 6 (7) Jahren (Anlage 3). Für ein Netz mit 6 Wohneinheiten pro Übergabepunkt zeigt

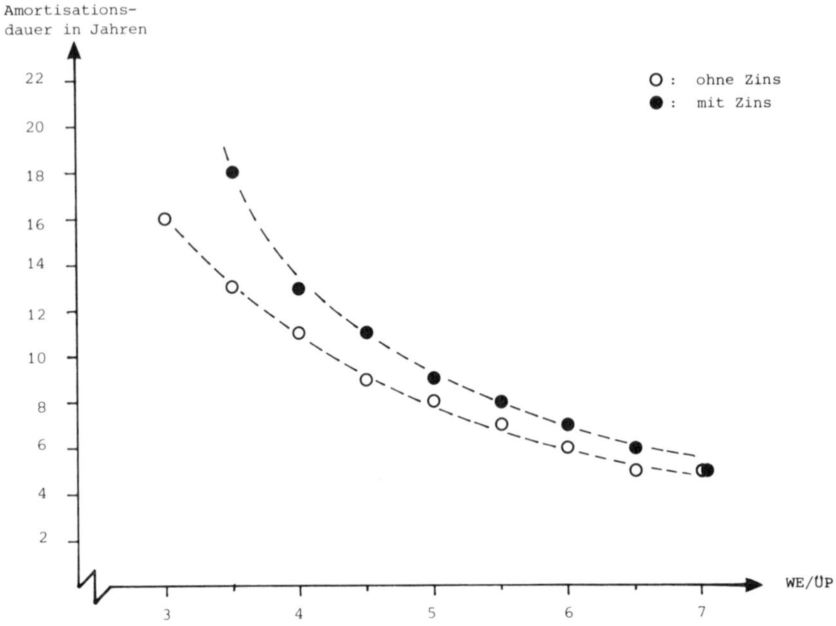

WE/ÜP / Amortisationsdauer	3	3,5	4	4,5	5	5,5	6	6,5	7
ohne Zins	16	13	11	9	8	7	6	5	5
mit Zins	>25	18	13	11	9	8	7	6	5

WE/ÜP = Wohneinheiten pro Übergabepunkt

*Abbildung 6: Die Amortisationsdauer von Einzelnetzen mit 25.000 anschließbaren Wohneinheiten (**professionelle** zentrale Einrichtungen) und **Fernmeldeordnungsgebühren.***

sich ergänzend in Abbildung 6a, daß die Amortisationsfähigkeit selbst dann erhalten bleibt, wenn man von einer niedrigeren Anschlußdichte ausgeht. Bei einer Anschlußdichte von 50 % amortisiert sich das Netz in 8 (9) Jahren, bei einer Anschlußdichte von nur 40 % in 11 (14) Jahren.

Eine derartige Bebauungsstruktur ist keineswegs unrealistisch, denn der Durchschnitt des ganzen Stadtgebietes zeigt z. B. für Berlin 6,3 Wohneinheiten pro Übergabepunkt, für München 5,3 Wohneinheiten pro Übergabepunkt und für Düsseldorf 5 Wohneinheiten pro Übergabepunkt. Bei Auswahl geeigneter Besiedlungsflächen für die Errichtung eines Einzelnetzes können sogar noch wesentlich höhere Werte erreicht werden: Das Ka-

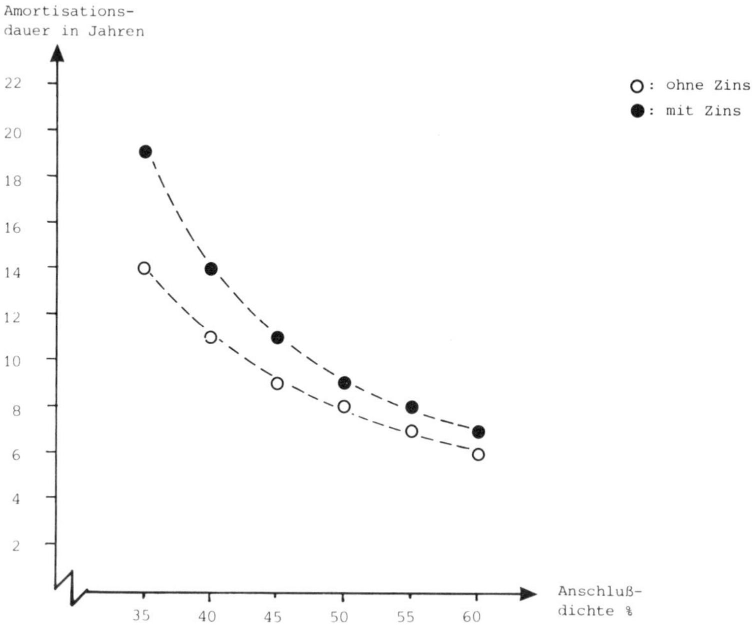

Amortisationsdauer \ Anschlußdichte %	35	40	45	50	55	60
ohne Zins	14	11	9	8	7	6
mit Zins	19	14	11	9	8	7

Abbildung 6a: Die Amortisationsdauer von Einzelnetzen mit 25.000 Wohneinheiten ***(professionelle*** *zentrale Einrichtungen) und* ***Fernmeldeordnungsgebühren*** *bei 6 Wohneinheiten pro Übergabepunkt und niedriger Anschlußdichte.*

belfernsehnetz in Wien verfügt über 10,7 Wohneinheiten pro Übergabepunkt. Die in der Errichtung befindlichen Netze der Bundespost mit mehr als 25.000 Wohneinheiten verfügen über einen Durchschnitt von 18,8 Wohneinheiten pro Übergabepunkt. In Netzen mit mindestens 10.000 Wohneinheiten finden sich im Durchschnitt 12,4 Wohneinheiten pro Übergabepunkt und selbst in Netzen mit mindestens 3.000 Wohneinheiten werden durchschnittlich 7,4 Wohneinheiten pro Übergabepunkt erreicht.

Dennoch soll den Amortisationsberechnungen nicht lediglich eine amortisationsfördernde Bebauungsstruktur, wie sie für die zur Zeit errichteten Netze typisch ist, zugrunde gelegt werden. Vielmehr wird nun zu prüfen sein, bis zu welcher Bebauungsstruktur heruntergegangen werden kann, um die für die Öffnung des Medienmarktes notwendige Verbreitung des Kabelfernsehens zu erreichen und dennoch die Amortisationsfähigkeit voll aufrechtzuerhalten.

In Abbildung 6 ist ersichtlich, daß sich ein Netz von 25.000 anschließbaren Wohneinheiten bei einer Bebauungsstruktur von 3,5 Wohneinheiten pro Übergabepunkt in 13 Jahren ohne Zins und in 18 Jahren mit Zins amortisiert (Anlage 4).

Entsprechend zeigt Abbildung 7 die Amortisationsfähigkeit eines Netzes von 10.000 anschließbaren Wohneinheiten mit professionellen zentralen

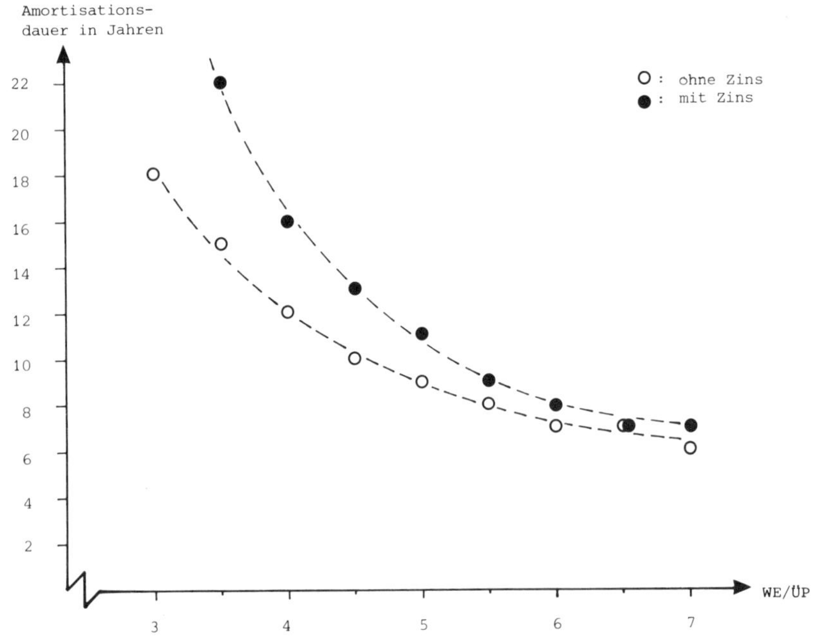

WE/ÜP / Amortisationsdauer	3	3,5	4	4,5	5	5,5	6	6,5	7
ohne Zins	18	15	12	10	9	8	7	7	6
mit Zins	>25	22	16	13	11	9	8	7	7

WE/ÜP = Wohneinheiten pro Übergabepunkt

*Abbildung 7: Die Amortisationsdauer von Einzelnetzen mit 10.000 anschließbaren Wohneinheiten (**professionelle** zentrale Einrichtungen) und **Fernmeldeordnungsgebühren.***

Einrichtungen und Abbildung 8 die Amortisationsfähigkeit eines solchen Netzes mit semiprofessionellen zentralen Einrichtungen. Für den Fall der professionellen Ausrüstung wird die Amortisation mit Zins innerhalb der technischen Nutzungsdauer (von angenommen 19 Jahren) verfehlt. Zwar gelingt die Amortisation bei 3,5 Wohneinheiten pro Übergabepunkt ohne Zins in 15 Jahren, mit Zins jedoch erst nach 22 Jahren (Anlage 5). Dagegen hat dasselbe Netz bei semiprofessioneller Ausrüstung eine ausreichende Amortisationschance. Die Wiedergewinnungszeit beträgt ohne Zins 13 Jahre und mit Zins 17 Jahre (Anlage 6).

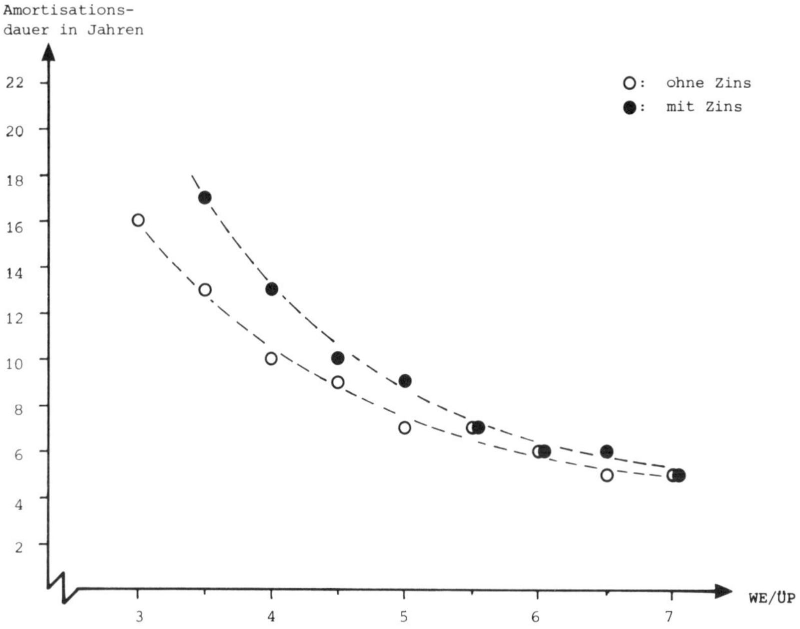

WE/ÜP / Amortisationsdauer	3	3,5	4	4,5	5	5,5	6	6,5	7
ohne Zins	16	13	10	9	7	7	6	5	5
mit Zins	>25	17	13	10	9	7	6	6	5

WE/ÜP = Wohneinheiten pro Übergabepunkt

*Abbildung 8: Die Amortisationsdauer von Einzelnetzen mit 10.000 anschließbaren Wohneinheiten (**semiprofessionelle** zentrale Einrichtungen) und **Fernmeldeordnungsgebühren.***

Ein Netz mit 10.000 anschließbaren Wohneinheiten und semiprofessionellen zentralen Einrichtungen amortisiert sich bei 6 Wohneinheiten pro Übergabepunkt in 6 (6) Jahren. Die Amortisation ist ohne weiteres auch bei niedrigeren Anschlußdichten erreichbar, nämlich bei 50 % in 8 (9) Jahren und bei 40 % in 11 (13) Jahren (Abbildung 8a).

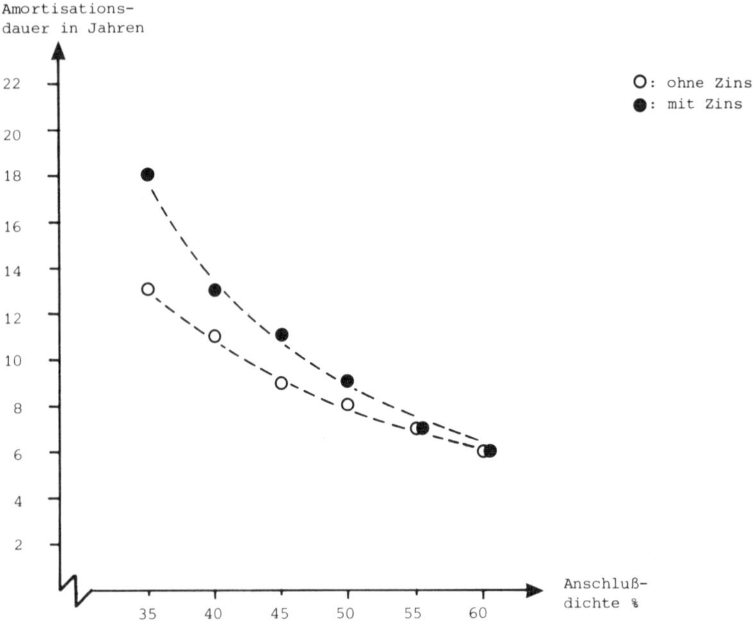

Amortisationsdauer \ Anschlußdichte %	35	40	45	50	55	60
ohne Zins	13	11	9	8	7	6
mit Zins	18	13	11	9	7	6

*Abbildung 8a: Die Amortisationsdauer von Einzelnetzen mit 10.000 Wohneinheiten (**semiprofessionelle** zentrale Einrichtungen) und **Fernmeldeordnungsgebühren** bei 6 Wohneinheiten pro Übergabepunkt und niedriger Anschlußdichte.*

Sogar das Kleinnetz mit 3.000 anschließbaren Wohneinheiten (Abbildung 9) verfügt bei der Bebauungsstruktur von 3,5 Wohneinheiten pro Übergabepunkt und 60 % Anschlußdichte über eine Amortisation ohne Zins in 14 Jahren, allerdings mit Zins erst in 21 Jahren, also nach der theoretischen Beendigung der technischen Nutzungsdauer (Anlage 7). Um auch hier eine praktische Amortisation zu erzielen, müßten Bemühungen einsetzen, die technische Nutzungsdauer (z. B. durch Reparaturen und Nachrüstung) zu verlängern. Die theoretische Nutzungsdauer stellt ohnehin einen Mischwert dar. Während das reine Kabelnetz nach internationalen Erfahrungen wesentlich länger nutzbar ist, müssen Verstärker und zentrale Einrichtungen früher ersetzt werden. Daraus erwachsen jedoch keine Probleme hinsichtlich der Amortisationsfähigkeit, denn nach Ablauf der theoretischen Nutzungsdauer fallen die laufenden Monatsgebühren weiterhin an, ohne zur Amortisation der ursprünglichen Investitionen noch beitragen zu müssen. Da die laufenden Kosten niedriger liegen, ist im Gebührenaufkommen ein reichlicher Spielraum für Ersatzinvestitionen und Reparaturen. Ein Einzel-

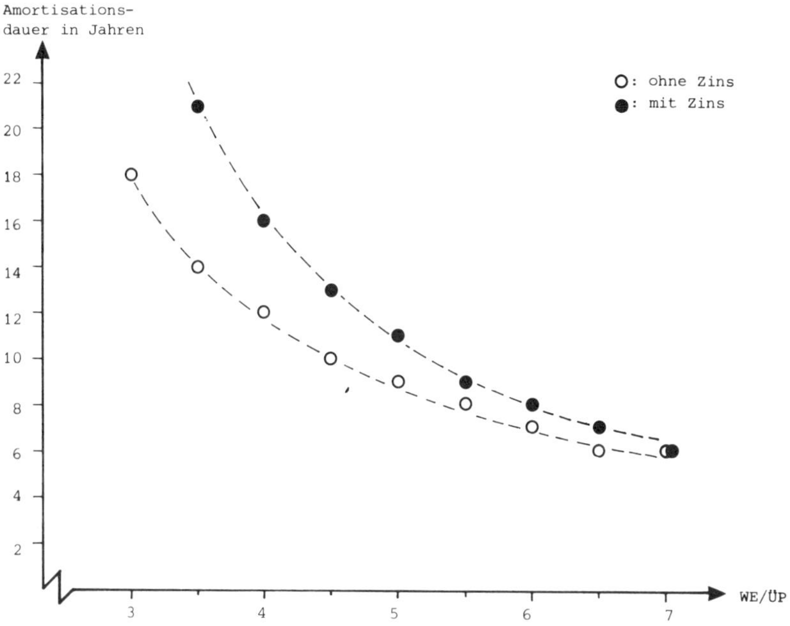

WE/ÜP Amortisationsdauer	3	3,5	4	4,5	5	5,5	6	6,5	7
ohne Zins	18	14	12	10	9	8	7	6	6
mit Zins	>25	21	16	13	11	9	8	7	6

WE/ÜP = Wohneinheiten pro Übergabepunkt

*Abbildung 9: Die Amortisationsdauer von Einzelnetzen mit 3.000 anschließbaren Wohneinheiten (**semiprofessionelle** zentrale Einrichtungen) und **Fernmeldeordnungsgebühren.***

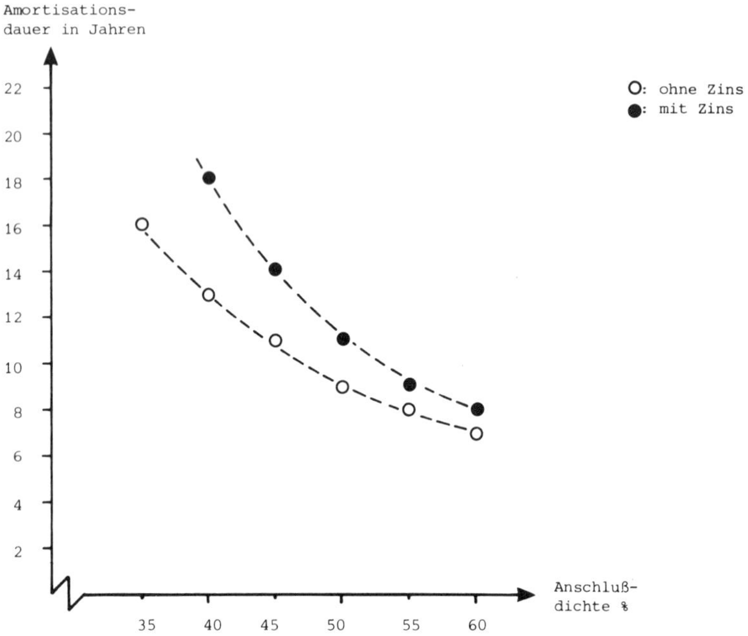

Amortisationsdauer \ Anschlußdichte %	35	40	45	50	55	60
ohne Zins	16	13	11	9	8	7
mit Zins	>25	18	14	11	9	8

Abbildung 9a: Die Amortisationsdauer von Einzelnetzen mit 3.000 Wohneinheiten (semiprofessionelle zentrale Einrichtungen) und ***Fernmeldeordnungsgebühren bei 6 Wohneinheiten pro Übergabepunkt und niedriger Anschlußdichte.***

netz von 3.000 Wohneinheiten erwirtschaftet nach der Amortisation aller ursprünglichen Investitionen einen Überschuß von fast DM 100.000,— jährlich.

Die Amortisationsfähigkeit von Kleinnetzen kann auch von der Teilnehmerseite her gefördert und sichergestellt werden. Wenn nämlich mit Nachdruck gefordert wird, Kabelfernsehnetze auch in dünner besiedelten Gebieten zu errichten, dann darf erwartet werden, daß diesem Begehren auch eine größere Anschließungsbereitschaft und damit eine über 60 % liegende Anschlußdichte zugrunde liegt. Wenn — wie in einigen europäischen Nachbarstaaten — sich über 80 % der anschließbaren Wohneinheiten tatsächlich anschließen, dann ist auch die Amortisation mit Zins gewährleistet. Schließlich ist darauf hinzuweisen, daß auch eine Amortisation ohne Zins nicht bedeutet, daß das investierte Kapital verlorengeht; es wird allerdings auf die Verzinsung verzichtet.

Ein Einzelnetz mit 3.000 anschließbaren Wohneinheiten muß nicht zwingend in einem Gebiet mit geringer Bebauungsdichte angesiedelt sein. In Städten aller Größenordnungen können Verdichtungszentren mit einer größeren Anzahl von Wohnungen pro Gebäude bestehen. Das Kleinnetz amortisiert sich bei 6 Wohneinheiten pro Übergabepunkt in 7 (8) Jahren. Bei einer solchen Bebauungsstruktur kann die Amortisation auch dann erreicht werden, wenn die Anschlußdichte auf 50 % oder gar 40 % sinkt. In diesen Fällen beträgt die Amortisationsdauer 9 (11) Jahre bzw. 13 (18) Jahre (Abbildung 9a).

Mit den vorstehend erläuterten Berechnungen wird deutlich, daß Einzelnetze unterschiedlicher Größe amortisationsfähig sind. Dabei spielt die Höhe der Investitionen für die zentralen Einrichtungen die ausschlaggebende Rolle. Bei größeren Netzen mit 25.000 anschließbaren Wohneinheiten (und mehr) spielen der technische Komfort der zentralen Einrichtungen und die damit verbundenen Investitionen für die Amortisationsfähigkeit des Netzes praktisch keine Rolle. Auf der anderen Seite können kleine Netze von 3.000 anschließbaren Wohneinheiten nur mit semiprofessionellen Einrichtungen bestückt werden. Immerhin gelingt es auf diese Weise, auch kleinere Gemeinden und Siedlungen zu berücksichtigen. Jedenfalls kann in keiner Weise von einer Investition in bevorzugten Ballungsräumen gesprochen werden. Wenn man noch kleinere Netze von 2.000 oder 1.000 anschließbaren Wohneinheiten errichten will, ist zu erwägen, die technischen Ansprüche an das Netz und die zentralen Einrichtungen noch weiter herabzusetzen.

Die Überlegungen zur Anschlußdichte gehen immer noch davon aus, daß die Bundespost (oder ein Kooperationspartner) an die potentiellen Teilnehmer herantritt, um sie für einen Anschluß an das Netz zu gewinnen. Wenn die Initiative dagegen von der anderen Seite ergriffen wird, indem z. B. eine kleinere Gemeinde mit ungünstiger Bebauungsstruktur die Errichtung eines Kleinnetzes wünscht, dann sollte doch davon ausgegangen werden dürfen, daß hinter diesem Begehren eine hohe Anschlußbereitschaft von 80 % oder gar 90 % steht. In diesem Falle bräuchte der Netzbetreiber auch nicht eine Markterschließungsinvestition in Höhe von DM 150,— pro angeschlossener Wohneinheit vorzunehmen. Es entsteht die Situation eines Verkäufermarktes, in dem für die Marktpflege geringere Aufwendungen für Information, Vertragsanbahnung und Vertragsabschluß anfallen. Es erscheint in diesem Falle gerechtfertigt, auf einen Betrag von DM 50,— für nichttechnische Investitionen herabzugehen.

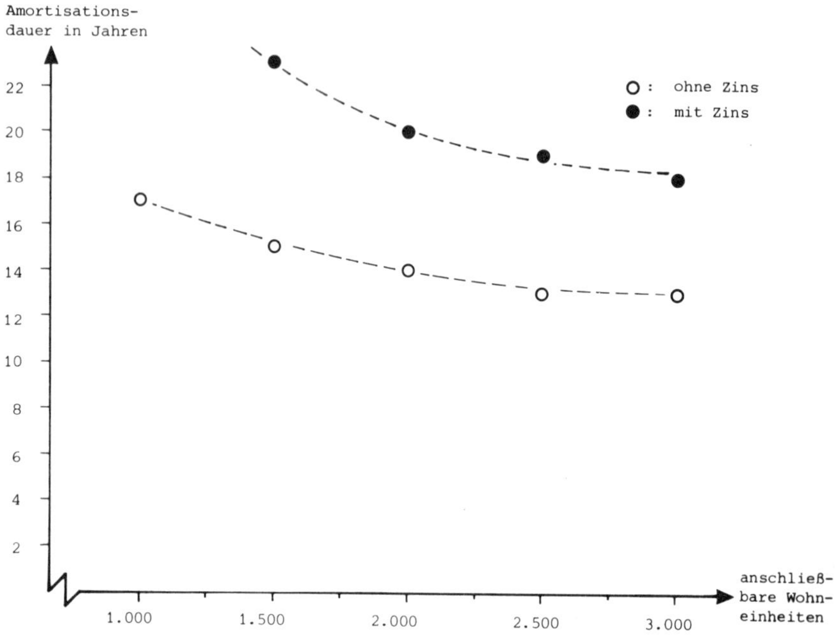

Wohneinheiten / Amortisationsdauer	1.000	1.500	2.000	2.500	3.000
ohne Zins	17	15	14	13	13
mit Zins	>25	23	20	19	18

*Abbildung 10: Die Amortisationsdauer von kleinen Einzelnetzen bei 2,5 Wohneinheiten pro Übergabepunkt (**semiprofessionelle** zentrale Einrichtungen), **Fernmeldeordnungsgebühren,** niedrigen Marketinginvestitionen und höherer Anschlußdichte.*

Abbildung 10 läßt für eine Bebauungsstruktur von 2,5 Wohneinheiten pro Übergabepunkt erkennen, daß ein Netz mit 3.000 anschließbaren Wohneinheiten, das bei normaler Akquisition und einer Anschlußdichte von maximal 60 % selbst bei einer Bebauungsstruktur von 3,5 Wohneinheiten pro Übergabepunkt noch keine Amortisation mit Zins erreicht, unter den nun formulierten Bedingungen in 13 Jahren ohne Zins und in 18 Jahren mit Zins amortisiert wird (Anlage 8). Selbst ein Netz mit 2.500 anschließbaren Wohneinheiten erreicht noch eine Amortisationsdauer von 13 (19) Jahren (Anlage 9). Ein Kleinnetz von 2.000 Wohneinheiten zeigt eine Wiedergewinnungszeit von 14 Jahren, während die Amortisation mit Zins etwas über der theoretischen Nutzungsdauer liegt (Anlage 10). Für die Anschlußdichte werden im ersten Jahr 40 %, im zweiten Jahr 60 % und vom dritten Jahr an 80 % unterstellt.

Wenn sich eine kleinere Gemeinde mit einer 90prozentigen Anschlußbereitschaft um ein Einzelnetz bemüht, dann amortisiert sich auch ein Netz von 2.000 Wohneinheiten sogar mit Zins innerhalb der technischen Nutzungsdauer und ein Netz von 1.000 Wohneinheiten an der Grenze der technischen Nutzungsdauer. Ein Netz von 1.000 anschließbaren und davon 900 tatsächlich angeschlossenen Wohneinheiten berücksichtigt bereits sehr kleine Gemeinden.

Wenn damit deutlich wird, daß kleine Netze schwerer zu amortisieren sind als große Netze, so wird gleichzeitig erkennbar, daß im weiteren Verlauf des Netzausbaus auch Einzelnetze entstehen werden, die mehr als die hier berücksichtigten 25.000 Wohneinheiten und mehr als 3,5 Wohneinheiten pro Übergabepunkt umfassen. Solche Netze tragen in erhöhtem Maße zu der Amortisation des Gesamtsystems bei und erlauben es (auf dem Weg des Amortisationsausgleichs), auch kleinere Netze zu errichten. Wenn z. B. ein Netz mit 25.000 Wohneinheiten und 6 Wohneinheiten pro Übergabepunkt bereits im 7. Jahr die Amortisation mit Zins erreicht, dann ergeben sich vom 8. Jahr an jährliche Überschüsse in Höhe von DM 962.000,— (bei ursprünglichen Netzinvestitionen in Höhe von DM 9 Mio. und Investitionen für zentrale Einrichtungen in Höhe von DM 0,593 Mio., siehe Anlage 3). Je stärker also das Gesamtsystem ausgebaut wird, desto eher wird es möglich, auch kleinste Gemeinden zu berücksichtigen.

Amortisation bei Betriebsversuchsgebühren

Die vorstehenden Amortisationsrechnungen beziehen sich auf die reguläre Gebührenstruktur nach der Fernmeldeordnung. Zusätzlich soll nun geprüft werden, ob die Amortisationsfähigkeit der Netze bestehen bleibt, wenn die Gebührenregelung nach dem „Betriebsversuch für den Anschluß mittlerer und größerer Wohnanlagen an das Breitbandverteilnetz der Deutschen Bundespost“ (10. August 1984) einbezogen wird:

In einem ersten Analyseschritt wird offenkundig, daß die Vergabe eines Übergabepunktes für ein Anschließungsentgelt zwischen DM 3.000,— und DM 5.000,— schon dadurch günstig ist, daß dieses über der (durchschnittlichen) Investition pro Übergabepunkt in Höhe von DM 1620,— liegt.

Die Bundespost ist mit dem Betriebsversuch zunächst bestrebt, die Anschlußdichte in bereits bestehenden Netzen zu erhöhen,wofür ein ermäßigtes Anschließungsentgelt (Subskription) nicht in Frage kommt. Die Ermäßigung wird auch nicht gewährt, wenn die Bundespost nur für die Herstellung der gewünschten Breitband-Anschlußstelle eine zweckgebundene Baumaßnahme durchführen muß.

Da auch das (ermäßigte) Entgelt von DM 8,— über den laufenden Kosten liegt, ist bei Marginalbetrachtung ein amortisationsschädigender Einfluß des Betriebsversuchs nicht zu befürchten.

Jedoch ist dies nur die eine Seite der Betrachtung. Denn zur vollen Amortisation aller Investitionen geht man von einer Durchschnittsbetrachtung aus und muß bei der ursprünglichen Gleichbehandlung aller angeschlossenen Wohneinheiten unterstellen, daß Übergabepunkte mit vielen Wohneinheiten durch ihre Gebühren zur Amortisation von Übergabepunkten mit wenigen Wohneinheiten beitragen. Wenn nun durch den Betriebsversuch zwar für die Objekte mit vielen Wohneinheiten die Amortisation sichergestellt wird, jedoch ein Amortisationsbeitrag für Objekte mit wenigen Wohneinheiten ausfällt, dann kann in der Gesamtbetrachtung durchaus eine Beeinträchtigung der Amortisation in Frage kommen.

Eine Amortisationsrechnung für den Betriebsversuch ist schwer möglich, weil verschiedene Parameter nicht endgültig definiert sind, sondern erst durch den Betriebsversuch erforscht werden sollen. Die Anzahl der Wohneinheiten pro Gebäude bleibt zunächst offen, denn der Betriebsversuch erlaubt ausdrücklich, daß für mehrere Gebäude ein gemeinsamer Übergabepunkt errichtet wird. Andererseits muß bei sehr großen Häusern (ab etwa 100 Wohneinheiten) damit gerechnet werden, daß die Übertragungsqualität eines Übergabepunktes nicht ausreicht und deshalb mehrere Übergabepunkte eingerichtet werden müssen. Auch das Gebührenaufkommen kann nicht hinreichend genau bestimmt werden. Denn in dem betreffenden Gebiet können durchaus bereits größere Häuser zu den geltenden Gebühren der Fernmeldeordnung angeschlossen sein und auch nach Beendigung des Betriebsversuchs angeschlossen werden. Andererseits kann es Häuser geben, die sich weder am Betriebsversuch beteiligen, noch einen Anschluß nach der Fernmeldeordnung realisieren. Während im Hinblick auf die Fernmeldegebühren eine Anschlußdichte von 60 % erwartet wird (dafür aber wesentlich höhere Gebühren fließen) und nach dem Betriebsversuch unterstellt wird, daß 80 % der Wohneinheiten eines Gebäudes gebührenrelevante Teilnehmer sind (allerdings zu ermäßigten Gebühren), müssen Annahmen über die Mischung beider Gebührenansätze getroffen werden. Da hierzu keine Anhaltspunkte vorliegen, wird in einer vereinfachenden Modellbetrachtung unterstellt, daß sämtliche Wohnanlagen, für die der Betriebsversuch zu günstigeren Gebühren führt als die verlangten Gebühren der Fernmeldeordnung, sich zu den ermäßigten Gebühren anschließen. Dies ist bei Häusern mit 7 und mehr Wohneinheiten der Fall.

Um die Amortisationsrechnung entsprechend differenzieren zu können, werden drei Gebäudetypen unterschieden:

Typ I: Ein- und Zweifamilienhäuser
Typ II: Drei- bis Sechsfamilienhäuser
Typ III: Sieben- und Mehrfamilienhäuser

Zur Beschreibung der Bebauungsstruktur eines bestimmten Gebietes werden für die gebildeten Gebäudetypen folgende Variablen benötigt:

- Anzahl der Wohngebäude vom Typ I, II und III,
- prozentuale Verteilung der Wohneinheiten des Gesamtgebietes auf die Gebäude vom Typ I, II und III.

Die Datenbasis umfaßt die Ergebnisse der 1-%-Wohnungsstichprobe des Statistischen Bundesamtes sowie die Zahlen des Statistischen Amtes der Landeshauptstadt München.

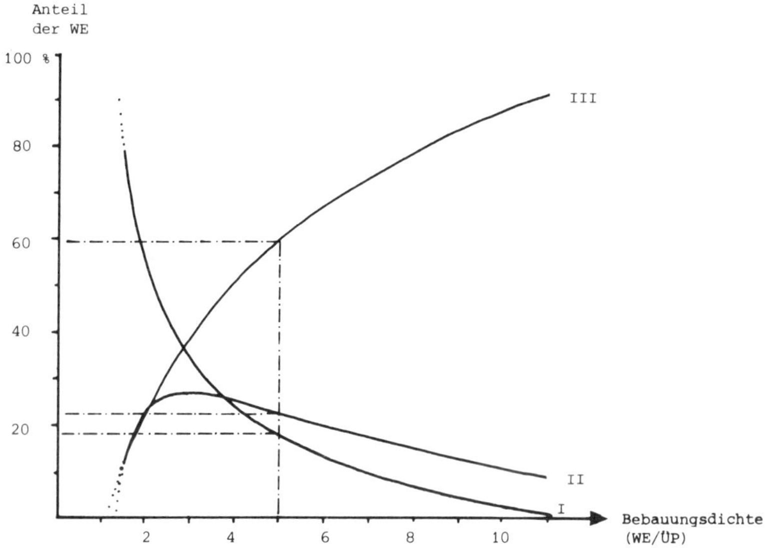

WE = Wohneinheiten
WE/ÜP = Wohneinheiten pro Übergabepunkt

Abbildung 11: Verteilung der Wohneinheiten auf die Gebäudetypen I—III bei unterschiedlicher Bebauungsdichte.

Die exakten Funktionsverläufe ergeben sich aus folgenden Gleichungen:

$f_I = 0.38480 - 0.43342 \ln(\ln(WE/ÜP))$

$f_{III} = -0.05238 + 0.40201 \ln(WE/ÜP)$

$f_{II} = 1 - (f_I + f_{III})$

$(1 = 100\ \%)$

Ferner liegen vergleichende Daten aus den Fernmeldeämtern Darmstadt, Flensburg, Freiburg i. Br., Fulda, Kaiserslautern, Köln, Weilheim, Wesel und Wuppertal vor.

Mit der vorgenommenen Differenzierung ist es nun näherungsweise möglich, die Durchschnittswerte der Anzahl von Wohneinheiten pro Gebäude aus der Statistik des Deutschen Städtetages so aufzubrechen, daß für den Gebäudetyp I, II und III getrennte Durchschnittswerte der Anzahl von Wohneinheiten pro Übergabepunkt vorliegen. Aus der genannten Datenbasis ergibt sich eine Verteilung der Wohneinheiten pro Gebäudetyp gemäß Abbildung 11.

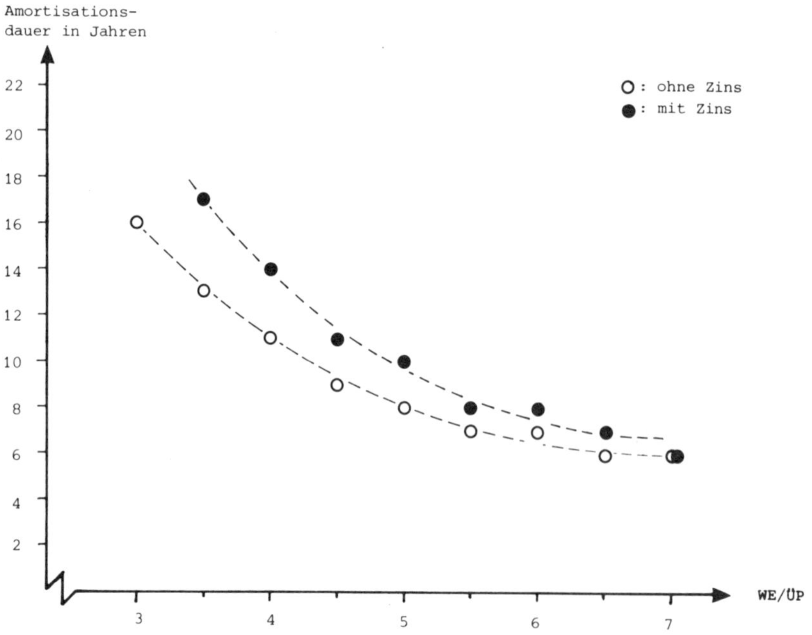

WE/ÜP / Amortisationsdauer	3	3,5	4	4,5	5	5,5	6	6,5	7
ohne Zins	16	13	11	9	8	7	7	6	6
mit Zins	>25	17	14	11	10	8	8	7	6

WE/ÜP = Wohneinheiten pro Übergabepunkt

*Abbildung 12: Die Amortisationsdauer von Einzelnetzen mit 25.000 anschließbaren Wohneinheiten (professionelle zentrale Einrichtungen) und **Gebühren nach Betriebsversuch.***

Um erkennen zu können, welche Aussagen die Abbildung enthält, wird z. B. der Durchschnittswert für die Bebauungsdichte von 5 Wohneinheiten pro Wohngebäude herausgegriffen. Diesem Wert auf der Abszisse entsprechen 59 % der Wohneinheiten in Gebäuden mit 7 oder mehr Wohneinheiten (Typ III), 23 % der Wohneinheiten in Gebäuden mit 3 bis 6 Wohneinheiten (Typ II) und 18 % der Wohneinheiten in Gebäuden mit 1 oder 2 Wohneinheiten (Typ I). Die Kurven in Abbildung 11 sind über Regressionsanalysen (hochsignifikant) aus den oben genannten Datenbasen abgeleitet (die Regressionsanalysen für Typ I und III sind im Anhang 11 und 12 ausgewiesen, der Wert für den Typ II ergibt sich als Differenz zu 100 %).

Damit hat das Amortisationsmodell einen Differenzierungsgrad erreicht, der es erlaubt, auch im Verlauf der praktischen Bauplanung für Einzelnetze die Amortisationsfähigkeit zu ermitteln.

In Abbildung 12 ist die Amortisationsdauer eines Netzes von 25.000 anschließbaren Wohneinheiten ausgewiesen, wobei für den Anteil der Gebäude vom Typ III die Gebührenstruktur des Betriebsversuchs eingesetzt ist. Es zeigt sich für den Fall von 3,5 Wohneinheiten pro Übergabepunkt eine Amortisationsdauer von 13 Jahren ohne Zins und 17 Jahren mit Zins (Anlage 13), also ähnlich wie bei der Amortisationsrechnung gemäß der Fernmeldeordnungsgebühr.

Aus Abbildung 13 wird für den Fall eines Netzes von 10.000 anschließbaren Wohneinheiten (mit semiprofessionellen zentralen Einrichtungen) erkennbar, daß die Amortisation mit 12 (17) Jahren bei Anwendung des Betriebsversuchs sogar günstiger ist als die Amortisation aus Gebühren nach der Fernmeldeordnung (Anlage 14).

Andererseits zeigt sich eine geringfügige Verzögerung der Amortisation um ca. ein Jahr sowohl für das Netz mit 25.000 Wohneinheiten als auch für das Netz mit 10.000 Wohneinheiten bei einer Bebauungsstruktur mit einer höheren Anzahl von Wohneinheiten pro Übergabepunkt (deutlich bei 6 Wohneinheiten pro Übergabepunkt). Jedoch ist einer solchen Aussage entgegenzuhalten, daß der Betriebsversuch ausdrücklich durch eine Verlagerung von Aktivitäten aus dem Bereich der Bundespost in den Bereich des Hauseigentümers gekennzeichnet ist. Dadurch werden die nichttechnischen Investitionen zur Anwerbung von Teilnehmern und die Verwaltungskosten (für Inkasso und Bestandspflege) gesenkt. Unter Berücksichtigung dieser ersparten Investitions- und Kostenbeträge ist festzustellen, daß der Betriebsversuch keine Beeinträchtigung der Gesamtamortisation der Netze herbeiführt, sondern die Anzahl der angeschlossenen Wohneinheiten in Richtung auf eine Öffnung des Medienmarktes positiv beeinflußt.

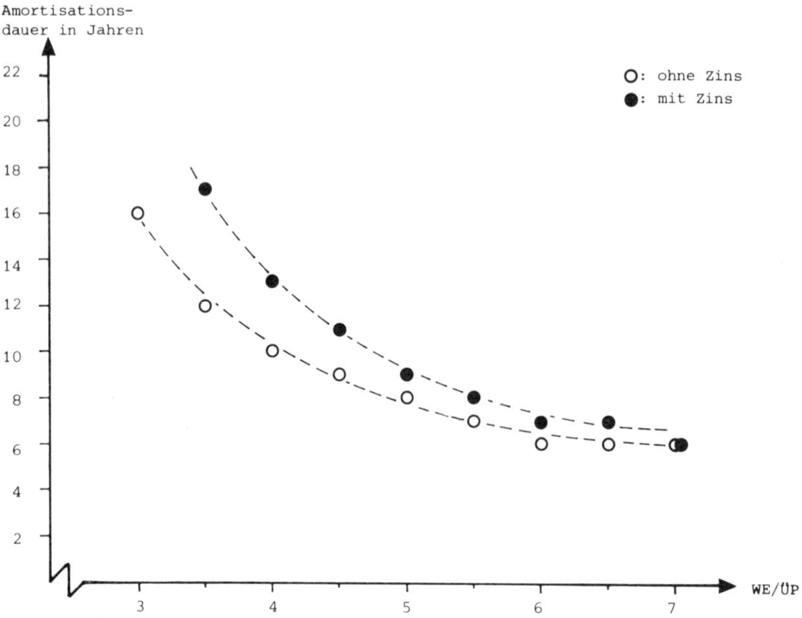

WE/ÜP Amortisationsdauer	3	3,5	4	4,5	5	5,5	6	6,5	7
ohne Zins	16	12	10	9	8	7	6	6	6
mit Zins	>25	17	13	11	9	8	7	7	6

WE/ÜP = Wohneinheiten pro Übergabepunkt

*Abbildung 13: Die Amortisationsdauer von Einzelnetzen mit 10.000 anschließbaren Wohneinheiten (**semiprofessionelle** zentrale Einrichtungen) und **Gebühren nach Betriebsversuch.***

Amortisation bei anderen Gebühren

Damit ist sowohl für die Amortisation aus Gebühren der Fernmeldeordnung als auch aus Gebühren des Betriebsversuchs sichergestellt, daß die Einzelnetze mit 3.000, 10.000 und 25.000 anschließbaren Wohneinheiten amortisationsfähig sind, wenn die Bebauungsstruktur im Durchschnitt mindestens 3,5 Wohneinheiten pro Übergabepunkt aufweist. Für die Einführungsstrategie bis zum Erreichen der Eintrittsschwelle bietet sich also eine gesicherte Amortisationschance dar. In Abschnitt 4.4 wird gezeigt werden, ob die Besiedlungsstruktur in den Gemeinden der Bundesrepublik

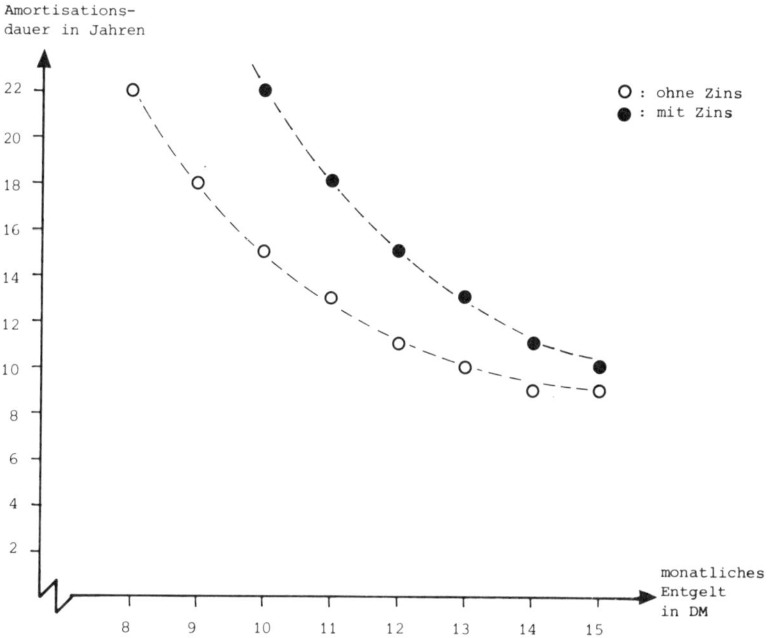

Amortisationsdauer \ monatliches Entgelt in DM	8	9	10	11	12	13	14	15
ohne Zins	22	18	15	13	11	10	9	9
mit Zins	>25	>25	22	18	15	13	11	10

Abbildung 14: Die Amortisationsdauer von Einzelnetzen mit 3.000 anschließbaren Wohneinheiten bei 3 Wohneinheiten pro Übergabepunkt ***(semiprofessionelle*** *zentrale Einrichtungen) und* ***höheren monatlichen Entgelten.***

Deutschland so gelagert ist, daß mit der skizzierten Investitionsstrategie mindestens 7,33 Mio. Haushalte mit einem Kabelanschluß versorgt werden können.

Abschließend ist zu prüfen, wie die Amortisation eines Netzes in einer ungünstigen Bebauungsstruktur durch langfristige Anhebung der Gebühren ermöglicht werden kann. Um zu zeigen, wie elastisch die Amortisation auf eine Erhöhung der monatlichen Gebühren reagiert, ist für den Fall 3 Wohneinheiten pro Übergabepunkt in einem kleinen Netz mit 3.000 Wohneinheiten (also am Beispiel des kritischen Falles) in Abbildung 14 gezeigt, wie eine lineare Erhöhung der monatlichen Gebühren in Schritten von DM 1,— wirkt.

Abbildung 14 läßt erkennen, daß bereits eine Anhebung der monatlichen Gebühren um DM 2,— (von DM 9,— auf DM 11,—) die Amortisationsfähigkeit bewirkt (Anlage 15).

Allerdings muß bezweifelt werden, daß es sinnvoll ist, die *Struktur* der Gebühren beizubehalten. Bereits der Betriebsversuch weist ja in die richtige Richtung, Wohneinheiten in großen Gebäuden relativ weniger zu belasten. Für eine derart konsequente Umstrukturierung der Fernmeldeordnungsgebühr sprechen die Erfahrungen aus der Tarifpolitik in schweizerischen Kabelfernsehgesellschaften (siehe Abbildung 3 und 4 in Abschnitt 3.1). Um zu erkennen, welche Wirkung eine derart degressive (aber absolut auch höhere) Gebühr auf die Amortisationsfähigkeit eines Kleinnetzes mit 3.000 Wohneinheiten ausübt, ist die schweizerische Gebührenstruktur versuchsweise in die hier vorgenommene Amortisationsrechnung eingefügt worden. Auch bei einer relativ dünnen Besiedlungsdichte würde die Amortisation ohne und mit Zins in deutlich weniger als zehn Jahren gelingen.

4.4 Das Erreichen der Eintrittsschwelle

Bereits in Kapitel 1 wurde deutlich, daß alle Anstrengungen in der Einführungsphase des Kabelfernsehens darauf zu richten sind, einen wirtschaftlich tragfähigen Markt für die Programmanbieter zu öffnen. Wenn dieses Ziel verfehlt wird, müssen die Investitionen für das Netz und die zentralen Einrichtungen ohne Amortisationschance bleiben. Nachdem in Abschnitt 4.3 geklärt werden konnte, daß Einzelnetze amortisationsfähig sind, wenn sie in einer Bebauungsstruktur von mindestens 3,5 Wohneinheiten pro Übergabepunkt errichtet werden, ist nun zu prüfen, ob es eine derartige Bebauungsstruktur in ausreichendem Umfange gibt, um 7,33 Mio. Wohneinheiten versorgen zu können.

Aus dem Studium der Bebauungsverhältnisse mehrerer deutscher Städte (München, Dortmund, Braunschweig) wurde eine Konzentrationskurve zur Bebauungsstruktur ermittelt (Abbildung 15). Die Abbildung läßt erkennen, daß man mit einem relativ kleinen Prozentsatz der Wohngebäude (Abszisse) einen relativ großen Prozentsatz der Wohneinheiten (Ordinate) erreichen kann. Wenn eine Gemeinde als Ganzes nicht über eine günstige Bebauungsstruktur verfügt, die es erlaubt, sämtliche Häuser mit einem Kabelanschluß zu versorgen, zeigt die Konzentrationskurve, welchen Prozentsatz der Wohnhäuser man einbeziehen muß, um z. B. drei Viertel oder die Hälfte der vorhandenen Wohneinheiten versorgen zu können. Dabei wird wiederum für jedes Haus ein Übergabepunkt vorgesehen. Durch diese ge-

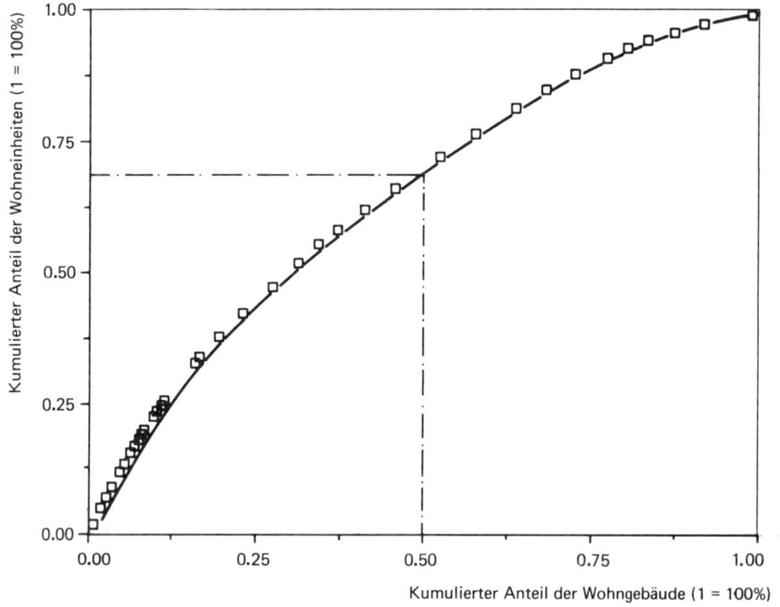

Abbildung 15: Konzentrationskurve zur Bebauungsstruktur.

Der exakte Funktionsverlauf ergibt sich aus folgendem Polynom 5. Grades:
$f = -0.000684686 + 2.81884x - 6.12417x^2 + 10.0915x^3 - 8.32201x^4 + 2.53613x^5$

zielte Auswahl läßt sich der Wert „Wohneinheit pro Wohngebäude" über den Durchschnittswert der Gesamtgemeinde hinaus verbessern.

Welche Gemeinden unter dem Aspekt der Bebauungsstruktur in Frage kommen, läßt sich aus dem Statistischen Jahrbuch Deutscher Gemeinden 1982 (hrsg. v. Deutschen Städtetag, Köln) ersehen.

In der Bundesrepublik Deutschland existieren 34 Städte, die bereits im Gesamtdurchschnitt innerhalb ihrer Gemeindegrenzen (also auch unter Einbeziehung sehr locker bebauter Siedlungsflächen) mindestens 3,5 Wohneinheiten pro Wohngebäude aufweisen. Damit sind bereits fast 7 Mio. Wohneinheiten (rechnerisch) versorgbar.

Wenn man zusätzlich diejenigen Teile von Gemeinden einbezieht, die über eine günstige Bebauungsstruktur (entsprechend der Konzentrationskurve) verfügen, dann lassen sich in weiteren 118 Gemeinden mindestens drei Viertel der Wohneinheiten versorgen. Damit werden zusätzlich bundesweit

3,6 Mio. Wohneinheiten erreicht, also insgesamt bereits 10,6 Mio. Wohneinheiten.

Wenn auch Gemeinden einbezogen werden, in denen mindestens die Hälfte der Wohneinheiten unter den gegebenen Anforderungen berücksichtigt werden können, dann werden in weiteren 160 Gemeinden zusätzlich 1,9 Mio. Wohneinheiten versorgbar.

Unter Addition der Gemeinden, die 100prozentig bzw. mindestens 75prozentig und schließlich mindestens 50prozentig in die Berechnungen einbezogen werden können, ergibt sich eine Gesamtzahl von 12,5 Mio. Wohneinheiten, die für eine Versorgung in Frage kommen. Tatsächlich werden zum Erreichen der Eintrittsschwelle nur 7,33 Mio. anschließbare Wohneinheiten (4,4 Mio. tatsächlich angeschlossene Wohneinheiten) benötigt. Die Zahl von 12,5 Mio. theoretisch möglicher Wohneinheiten ist ausreichend hoch, um den folgenden Einschränkungen zu begegnen:

— Die Aussage, daß in einem rechnerischen Teil der Gemeinde eine hinreichend günstige Bebauungsstruktur vorliegt, beweist noch nicht, daß die in Frage kommenden Häuser mit durchschnittlich 3,5 Wohneinheiten auch räumlich so angeordnet sind, daß sie von einem gemeinsamen Netz erreicht werden können.

— Die Gemeinde darf nicht nur statistisch für ein Einzelnetz geeignet sein, sondern muß auch nach den praktischen Möglichkeiten und Planungen der Fernmeldeämter in den unmittelbar bevorstehenden Jahren tatsächlich versorgt werden können. Es wird Fernmeldeämter geben, die über ihre Planungs- und Baukapazität hinaus über geeignete Besiedlungsgebiete verfügen, während in anderen Fernmeldeämtern die Kapazität teilweise ungenutzt bleibt.

— Die vorgenommenen Berechnungen beruhen auf statistischen Angaben, die nicht auf dem neuesten Stand sind. Die für 1983 geplante Volkszählung ist nicht durchgeführt worden.

— Selbst wenn die statistischen Angaben richtig sind, muß doch beachtet werden, daß es sich um Durchschnittszahlen handelt, die vielfältige regionale und lokale Besonderheiten nicht ausweisen.

Die hier vorgenommene Ermittlung dient allerdings nur dem Zweck, festzustellen, ob innerhalb der Bundesrepublik Deutschland ein genügend großer Spielraum besteht, um Einzelnetze mit mindestens 3.000 Wohneinheiten und einer Bebauungsstruktur von durchschnittlich 3,5 Wohneinheiten pro Übergabepunkt zu errichten. Dies ist mit hinreichenden Sicherheitszuschlägen der Fall. Es muß jedoch deutlich angemerkt werden, daß eine solche Feststellung nicht konkrete Planungen für einzelne Bauvorhaben unnötig macht. Nach den hier vorgelegten grundsätzlichen Erwägungen und der Struktur des Amortisationsmodells muß in jedem einzelnen Fall geprüft werden, inwieweit die oben erarbeiteten Bedingungen für die Amortisationsfähigkeit eines Netzes tatsächlich gegeben sind.

5. Amortisationsfördernde Entscheidungen

Im vorangegangenen Kapitel wurde rechnerisch nachgewiesen, daß die Investitionen und Betriebskosten für ein Breitbandverteilnetz unter den derzeit gültigen Gebühren amortisationsfähig sind, wenn Einzelnetze errichtet werden, die mindestens 3.000 Wohneinheiten versorgen und über mindestens 3,5 Wohneinheiten pro Übergabepunkt verfügen. Damit ist es grundsätzlich möglich, die Eintrittsschwelle zu erreichen, also den Medienmarkt zu öffnen.

Im folgenden ist zu prüfen, welche Entscheidungen sinnvoll und notwendig sind, um das grundsätzlich Mögliche auch tatsächlich zu verwirklichen.

5.1 Investitionskonzeption

Wie bereits deutlich wurde, ist nicht jede beliebige Investition in ein Breitbandverteilnetz amortisationsfähig. Auch muß heute noch offen bleiben, in welcher flächenhaften Ausbreitung und zu welchen Gebühren das Breitbandverteilsystem weiterzuentwickeln ist, nachdem die Eintrittsschwelle erreicht sein wird. Die Konfiguration eines derart weiter wachsenden, erst am Anfang der neunziger Jahre zu konzipierenden Systems hängt nicht nur von den Entscheidungen der Bundespost ab, sondern wird wesentlich von den Kräften des Medienmarktes und den neueren Entwicklungen der Satelliten- und Empfangstechnik bestimmt. Insbesondere kann erst die Zukunft zeigen, bis zu welchem Grad die Bevölkerung einen Gemeinschaftsempfang (vom Nachrichten- oder Direktsatelliten plus Kabelnetz) oder Einzelempfang (nur vom Direktsatelliten) bevorzugt, was von der Preiswürdigkeit der Alternativen abhängt.

Für die heute zu treffenden Investitionsentscheidungen sind nach den vorgenommenen Untersuchungen, internationalen Vergleichen und Amortisationsrechnungen die folgenden Konzeptionsbestandteile richtungweisend:

Netzkonfiguration

— Das Breitbandverteilnetz wird in einer vorhandenen, ausgereiften Technik möglichst schnell bis zur Eintrittsschwelle errichtet. Die Innovation liegt nicht im technischen Bereich, sondern in der Schaffung einer Infrastruktur für einen neuartigen und vielfältigen Medienmarkt. Die von der Deutschen Bundespost festgelegten technischen Merkmale der

Breitbandverteilnetze in Kupferkoaxialausführung sind uneingeschränkt geeignet, die Investitionsaufgabe zu erfüllen. Spätere technische Innovationen (Rückkanal, sonstige Dienste) werden mit einer solchen Konzeption nicht ausgeschlossen und können nach dem Erreichen der Eintrittsschwelle realisiert werden.

— Die Investition in Höhe von DM 1.620,— pro Übergabepunkt sollte im Durchschnitt der Bauvorhaben eingehalten und im Verlaufe der Zeit gesenkt, jedenfalls auch bei Preissteigerungen möglichst nicht überschritten werden. Diesem Ziel dient die Ausnutzung von Ersparnisfaktoren, die in Abschnitt 2.1.1 dargelegt sind. Insbesondere empfiehlt sich eine umfassende mittelfristige Planung, die mehrere Bauvorhaben zusammenfaßt, ausschreibt und realisiert.

— Es werden Einzelnetze in einer Mindestgröße von 3.000 anschließbaren Wohneinheiten errichtet. Bei einer Anschlußdichte von 60 % bedeutet dies 1.800 teilnehmende (zahlende) Haushalte. Eine solche Mindestgröße des Netzes ist notwendig, um die autonome Versorgung durch Satellitenantennen und Rundfunkempfangsstellen finanziell tragen zu können. Wenn das Investitionsvolumen für diese zentralen Einrichtungen gesenkt werden kann, sind auch kleinere Einzelnetze amortisationsfähig.

— Als wichtiges Merkmal für amortisationsfähige Einzelnetze ist die Bebauungsstruktur von 3,5 Wohneinheiten pro Übergabepunkt zu nennen. Da die Investitionen pro Übergabepunkt durch ihren hohen Anteil an Tiefbauarbeiten kaum gesenkt werden können, lassen sich dünner besiedelte Gebiete versorgen, wenn die Erlöse gesteigert werden (hohe Anschlußdichte, höhere Gebühren) oder wenn die Investitionen zur Markterschließung vermindert werden können.

— Eine Beschränkung auf Einzelnetze mit mindestens 3.000 anschließbaren Wohneinheiten und einer Bebauungsstruktur von mindestens 3,5 Wohneinheiten pro Übergabepunkt wirft raumordnungspolitische Fragen auf. Die Deutsche Bundespost wird zur Erarbeitung einer einvernehmlichen Konzeption mit den Bundesländern und Gemeinden zu kooperieren haben. Die genannten Begrenzungen der Investitionskonzeption bedeuten nicht eine Präferenz für sogenannte Ballungsgebiete. Ein Netz in der angegebenen Größe und Struktur läßt sich auch in kleineren Städten und zusammenhängenden Siedlungen verwirklichen. Eine geographische Konzentration auf die Nähe von Großstädten und Industriegebieten besteht nicht, denn der Satellit bietet prinzipiell eine flächendeckende Versorgung des Gesamtgebietes der Bundesrepublik Deutschland. Die Einschränkungen entstehen auf der Empfangsseite (Amortisationsfähigkeit der gemeinsamen Antennenanlagen).

Wenn auch kleinere Einzelnetze in dünner besiedelten Gemeinden einbezogen werden sollen, so bietet sich neben den Möglichkeiten höherer Gebühren oder gezielter Subventionen als nächstliegende Möglichkeit die Erhöhung der Anschlußdichte an. Wenn das Begehren laut wird, ein Einzelnetz zu errichten, das sich bei der hier unterstellten Teilnahme von 60 % der anschließbaren Haushalte nicht voll amortisiert, dann sollte erwartet werden, daß dem Begehren eine höhere Anschlußdichte folgt (siehe Abschnitt 4.3).

Wenn — wie in der Schweiz — bei Errichtung eines Übergabepunktes automatisch sämtliche Hausbewohner zu Teilnehmern werden, dann läßt sich die nichttechnische Investition (Marketing) weitgehend einsparen. Damit wird sichtbar, daß einfache und einvernehmliche Lösungen dem wirtschaftlichen Vorteil aller Beteiligten dienen. Dies wird offenkundig, wenn man rechnerisch den optimalen Fall einer 100prozentigen Anschlußdichte und den völligen Verzicht auf Marketinginvestitionen unterstellt. Dann nämlich amortisiert sich ein Netz von 3.000 Wohneinheiten bei 3 Wohneinheiten pro Übergabepunkt in 5 (6) Jahren und bei der sehr dünnen Besiedlung von 2 Wohneinheiten pro Übergabepunkt in 11 (15) Jahren. Sogar die amortisationsfähige Netzgröße kann bei einvernehmlicher Beteiligung aller Haushalte drastisch gesenkt werden. Bei 2,3 Wohneinheiten pro Übergabepunkt (Bundesdurchschnitt) ist ein Netz von 1.000 Wohneinheiten in 12 (15) Jahren amortisiert. Ein Netz von 500 Wohneinheiten amortisiert sich noch ohne Zins in 17 Jahren. Die uneingeschränkte Amortisationsfähigkeit (auch mit Zins) ist erreichbar, wenn nicht nur bei den zentralen Einrichtungen, sondern auch im Netz auf semiprofessionelle Technik (z. B. GGA-Technik) zurückgegriffen wird.

— Die wirtschaftliche Tragbarkeit des Breitbandverteilsystems ist nicht nur von den Entscheidungen der Bundespost, sondern auch von Entscheidungen der politischen Instanzen in den Ländern und Gemeinden abhängig. Wenn eine Gemeinde ein Einzelnetz der Bundespost wünscht, das sich nach geltenden Gebühren und bestehender Baustruktur nicht voll amortisiert, dann können Übereinkünfte zur gemeinsamen Finanzierung getroffen werden. Wie in Abschnitt 4.3 gezeigt wurde, ist die Amortisationsfähigkeit auch für kleinste Netze gegeben, wenn auf die Deckung des Zinses verzichtet wird. Eine bloße Finanzierungshilfe ohne eigentliche Subvention der direkten Investitionen reicht in solchen Fällen bereits aus. Für manche Gemeinde wird es allerdings leichter sein, die Netzinvestitionen dadurch zu alimentieren, daß sie mit Tiefbaumaßnahmen der Gemeinde verbunden werden. Soweit das Netz von privaten Kooperationspartnern der Bundespost errichtet wird, können die

Investitionen durch kommunale Genehmigung und Erleichterung der Baumaßnahmen in öffentlichen (und privaten) Wegen günstiger durchgeführt werden.

Netzerrichtung

— Die Planungs- und Baukapazität der Deutschen Bundespost ist — wie bei jedem Betrieb — begrenzt.

Ende 1983 waren 1,8 Mio. Wohneinheiten mit einem Breitbandkabelanschluß versorgt. Bis Ende 1984 wird erwartet, weitere 1,4 Mio. Wohneinheiten, also insgesamt 3,2 Mio. Wohneinheiten versorgen zu können. Für 1985 kann mit weiteren 1,6 Mio. anschließbaren Wohneinheiten gerechnet werden (Quelle: Projektgruppe „Vorgaben für BK-Netzausbau", Juni 1984). Wenn nach den in Kapitel 2 und Kapitel 4 erarbeiteten Merkmalen in den Jahren 1986 und 1987 vorgegangen wird, dann können selbst unter Einschluß der hier berücksichtigten Marktinvestitionen (je nach realisierbarer Netzgröße und Wohneinheiten pro Übergabepunkt) jährlich zwischen 1,6 und 2 Mio. Wohneinheiten zusätzlich versorgt werden. Die Investitionssumme von jährlich DM 1 Mrd. fließt zu etwa drei Viertel in das Breitbandnetz und der Rest in die zentralen Einrichtungen und die Markterschließung. Damit kann bis Ende 1985 ein Versorgungsstand von 4,8 Mio. Wohneinheiten, für 1986 zwischen 6,4 und 6,8 und für Ende 1987 von über 8 Mio. Wohneinheiten erreicht werden.

Die Eintrittsschwelle mit 7,33 Mio. versorgten (anschließbaren) Wohneinheiten wird also erst für 1987 zu erwarten sein. Nach den Planannahmen baut sich die Anschlußdichte von 60 % erst im Verlaufe von drei Jahren auf, so daß die Öffnung des Medienmarktes mit 4,4 Mio. angeschlossenen Wohneinheiten erst für 1988/89 zu erwarten ist. Wenn zusätzlich berücksichtigt wird, daß die in den Jahren 1983 und 1984 errichteten Einzelnetze in vielen Fällen zu klein sind, um eine Satellitenantenne zu tragen, dann ist eine noch vorsichtigere Prognose angezeigt.

— Für die Anbieter von Fernseh- und Hörfunkprogrammen ist eine zeitliche Aufwandsbelastung von fünf Jahren (Anfang 1985 bis Ende 1989) wirtschaftlich schwer durchstehbar. Denn es fallen pro Fernsehkanal jährliche Programmaufwendungen zwischen DM 100 und 200 Mio. an, denen anfangs noch sehr geringe Werbeeinnahmen gegenüberstehen. Erst mit der Öffnung des Medienmarktes kann mit einer Deckung der Programmaufwendungen gerechnet werden.

Wenn das Programmangebot in den kritischen Jahren des Netzaufbaus erlahmen sollte, wird die Amortisationsfähigkeit des Breitbandverteilsystems unmittelbar bedroht. Es sind deshalb alle Anstrengungen zu empfehlen, die zu einem schnelleren Netzaufbau führen. Diese Maßnahme ist im eigenen Interesse der Deutschen Bundespost notwendig, denn Kabelanschlüsse ohne Programmangebot oder mit unzureichendem Programmangebot finden in der Bevölkerung keine oder nur eine schwache Annahme.

— Die Beschleunigung des Netzausbaus läßt sich unter Zuhilfenahme von privaten Kooperationspartnern realisieren. Es ist zu empfehlen, diese Partner aktiv zu gewinnen und zu fördern. Formulierungen wie „beliehene Unternehmer“ wirken demotivierend. Auch wenn anzuerkennen ist, daß die dahinterstehende Rechtsfigur sinnvoll ist, bieten sich doch Spielräume für Interpretation und Sprachgebrauch. Den Kooperationspartnern sollte auch gestattet werden, selektiv günstige Gebiete für die Errichtung von Einzelnetzen zu suchen, ohne von vornherein eine flächendeckende Vollversorgung realisieren zu müssen. Dies ist um so mehr vertretbar, als die Bundespost selbst zur Förderung der Amortisationsfähigkeit ihrer Netze diese Investitionsstrategie verfolgen muß.

— Im Interesse einer möglichst schnellen Gewinnung von Fernseh- und Hörfunkteilnehmern (Öffnung des Medienmarktes) sollten die privaten Betreiber von Gemeinschaftsantennenanlagen die Genehmigung auch für Nachrichtensatellitenantennen erhalten. Dabei wird es sich im allgemeinen um semiprofessionelle Anlagen handeln.

— Die Investitionssummen für die Errichtung eines Breitbandverteilnetzes werden in der öffentlichen Diskussion oft übertrieben. Im Jahr 1983 wurden DM 0,6 Mrd. investiert. Das waren lediglich 4,7 % der Gesamtinvestitionen der Bundespost in Höhe von DM 12,7 Mrd. Für 1984 kann mit knapp DM 1 Mrd. gerechnet werden. Wenn in den Jahren 1985, 1986 und 1987 bis zum Erreichen der Eintrittsschwelle pro Jahr wiederum je DM 1 Mrd. investiert wird, dann gelingt die Öffnung des Medienmarktes mit einem Investitionsvolumen von weniger als DM 5 Mrd. Der weitere Ausbau und die damit verbundenen Investitionssummen hängen von der Konfiguration und Kombination der Satellitenversorgung ab. Ein Teil der Investitionen (Direktsatellitenantennen für Einzel- und Gemeinschaftsempfang) wird dann in den privaten Bereich hinüberwechseln.

5.2 Marktkonzeption

Aus den bisher vorgelegten Rechenergebnissen und Einsichten geht deutlich hervor, daß das Breitbandnetz der Bundespost nur ein Teil des umfassenderen Breitbandverteilsystems ist und nur in diesem Gesamtrahmen amortisationsfähig wird. Programmanbieter, Bundespost und Teilnehmer sind aufeinander angewiesen, können sich gegenseitig fördern oder wirtschaftlich behindern. Wenn die Bundespost kein Netz zur Verfügung stellt, finden die Programmanbieter nicht den Weg zum Abnehmer. Wenn die Programmanbieter fehlen oder zu wenig qualitative und quantitative Vielfalt bieten, dann wird das Gesamtsystem von der Bevölkerung nicht angenommen und die Amortisation des Netzes gefährdet. Dieser Zusammenhang ist im Auge zu behalten, wenn im folgenden Empfehlungen zu den marktbezogenen Entscheidungen dargelegt werden:

Programmanbieter

— Die Entscheidung zur Zulassung von Programmanbietern und ihrem Programmangebot obliegt den Bundesländern. Diese entscheiden auch darüber, welche Programme (bei begrenzter Kanalzahl) mit Priorität einzuspeisen sind. Insbesondere die Verteilung von Satellitenkanälen hat sich die Konferenz der Ministerpräsidenten vorbehalten. Die Deutsche Bundespost verfügt über daran anschließende Kompetenzen in der technisch-wirtschaftlichen Realisierung des Programmangebots. Sie stellt die Satellitenkanäle (Transponder) sowie den Signalweg zum Satelliten (uplink) und wieder zur Erde (downlink) zur Verfügung. Für diesen Signalweg bis zur Einspeisung in das Breitbandnetz (ohne Satellitenantenne) entstehen der Deutschen Bundespost Kosten, die sie durch Gebühren der Programmanbieter zu decken sucht. Die Kosten sind abhängig von der Anzahl der genutzten Satellitenkanäle, sind andererseits unabhängig von der Anzahl der empfangenden Teilnehmer. Wenn nur ein einzelnes Inselnetz versorgt werden soll, muß der gleiche Aufwand betrieben werden wie für die Versorgung vieler weiträumiger Netze.

  Während der Aufbauphase entsteht bis zum Erreichen der Eintrittsschwelle das Problem, daß die Programmanbieter noch nicht über genügend Teilnehmer (geringe Werbeeinnahmen) verfügen, um kostendeckende Gebühren für die Nutzung eines Satellitenkanals bezahlen zu können. Da die Bundespost im Interesse der Amortisationsfähigkeit ihres Netzes an dem Programmangebot interessiert sein muß, empfiehlt es sich, bis zur Öffnung des Medienmarktes sehr geringe, dann jedoch ansteigende und schließlich kostendeckende Gebühren zu berechnen. Es wäre verhängnisvoll, von Anfang an eine Vollkostendeckung für den Satellitenkanal anzustreben. EUTELSAT berechnet den nationalen Postverwaltungen für die Nutzung eines ECS-Kanals 2 Mio. ECU (DM 4,5 Mio.), soweit Uplink und Downlink im gleichen Land erfolgen. Wenn die Bundespost diese Kosten (möglicherweise noch mit einem Aufschlag) den Programmanbietern weiterberechnet und diese daraufhin ihr Programmangebot einschränken, dann wird die Amortisationsfähigkeit der Netzinvestitionen, die im Milliardenbereich angesiedelt sind, in Frage gestellt. Eine für beide Seiten amortisationsfördernde Regelung könnte eine von der Anzahl der effektiven Teilnehmer abhängige Gebühr sein.

Betriebsgesellschaften

Neben den Überlegungen zum Beschaffungsmarkt (Programmanbieter) stehen wirtschaftliche Überlegungen zum Absatzmarkt (private Haushalte). Die Pilotprojekte des Kabelfernsehens in Ludwigshafen und München haben gezeigt, wo die Probleme der Markteinführung eines neuen Medienproduktes liegen. Hervorgerufen durch eine komplizierte Rechtslage, die gegenüber Innovationen auf dem Gebiet der elektronischen Medien extrem empfindlich ist, ist eine für die Teilnehmer schwer erträgliche Situation entstanden. Der „Kunde“ hat es mit den folgenden Gesprächs- und Vertragspartnern zu tun:

- Deutsche Bundespost (Anbieter des Übergabepunktes),
- örtliches Handwerk (Anbieter des Hausnetzes),
- örtliche Kabelfernsehgesellschaft (z. B. Münchner Pilot-Gesellschaft für Kabelkommunikation),
- Marketinggesellschaft (in München z. B. Kabelsignal),
- Elektroeinzelhandel (Anbieter von Endgeräten),
- Anbieter eines Programmabonnements (Pay-TV),
- Hauseigentümer.

Die potentiellen Teilnehmer sind verwirrt, weil ihnen von verschiedenen Seiten „das Kabelfernsehen“ angeboten wird und dabei nicht deutlich genug ist, daß es sich jeweils nur um Teilangebote handelt. Es ist deshalb sinnvoll und notwendig, die Markteinführung und die weitere kontinuierliche Pflege des Marktes in eine Hand zu legen. Der Interessent muß eindeutig erkennen, an wen er sich wenden kann, um sowohl den Übergabepunkt der Deutschen Bundespost, als auch eine Beratung über die zweckmäßige Errichtung eines Hausnetzes und vor allem zusätzliche Programme erhalten zu können. Auch im Falle von Störungen und Veränderungen (besonders bei Konflikten) ist es sinnvoll, einen einzigen Ansprechpartner zu haben. Die nichttechnischen Investitionen (siehe Abschnitt 2.1.3) und die Verwaltungskosten (siehe Abschnitt 2.2.2) müßten von dem Träger der Marketingaufgaben übernommen werden.

Die Deutsche Bundespost kann in eigener Verantwortung diese Aufgabe nicht als Ganzes übernehmen, denn ihre rechtliche Kompetenz endet am Übergabepunkt.

Unter Heranziehung der Einsichten aus dem internationalen Vergleich empfiehlt es sich, zwischen die Leistung der Deutschen Bundespost und die nachfragenden Teilnehmer eine private Betriebsgesellschaft einzufügen. Inwieweit sich die Bundespost hier als Partner beteiligt (Joint Venture) oder durch Tochtergesellschaften tätig wird bzw. völlig privaten Betriebsgesellschaften ein geographisch begrenztes Betätigungsfeld einräumt, bleibt der juristischen Betrachtung überlassen und wird zweckmäßigerweise auch die Belange der Gemeinden berücksichtigen. Betriebswirtschaftlich ist von ausschlaggebender Bedeutung, daß die Errichtung des Netzes (einschließlich des Hausnetzes) nachfrageorientiert erfolgt, daß das Angebot in einem aktiven Marketing überzeugend vorgetragen, durch Werbung und Beratung flankiert und schließlich zum Vertragsabschluß geführt wird.

Da die Betriebsgesellschaft auch das Inkasso, eventuelles Zu- und Abschalten sowie die kontinuierliche Bestandspflege wahrzunehmen hat, braucht sie eine leistungsfähige kaufmännische Verwaltung mit Datenverarbeitung und einem qualifizierten Mitarbeiterstamm. Es kommt deshalb wohl nicht in Frage, für jedes Einzelnetz eine getrennte Betriebsgesellschaft zu gründen. Mit dem vorgesehenen Beitrag von DM 18,— pro Jahr für die laufende Verwaltung (siehe Abschnitt 2.2.2) kann die Betriebsgesellschaft nur auskommen, wenn sie für eine ganze Region, die aus mehreren Einzelnetzen besteht, tätig wird und über ein Marktpotential von mindestens 150.000 Wohneinheiten verfügt. Kleinere Märkte lassen sich rationell nicht verwalten.

Nicht eingeschlossen sind die von den Anschlußteilnehmern zu tragenden Kosten für die laufende Wartung und Störungsbehebung in den Hausnetzen. Diese Aufgaben werden sinnvollerweise von den örtlichen Handwerksbetrieben übernommen, die über ohnehin vorhandene Servicetechniker verfügen und ihre Einsätze stundenweise oder pauschal abrechnen. Die Einrichtung eines gesonderten Servicedienstes, der täglich und kurzfristig verfügbar ist, erfordert die Beschäftigung von mindestens zwei Servicetechnikern und die Aufrechterhaltung eines Telefondienstes zur Entgegennahme von Beschwerden während der Sendezeit. Eine solche gesonderte Organisation kann wirtschaftlich nur eingesetzt werden, wenn sich das Betreuungsgebiet auf mindestens 30.000 Teilnehmer erstreckt. Dies wird nur bei größeren Einzelnetzen der Fall sein können.

Die technische Betreuung des Breitbandverteildienstes bis zum Übergabepunkt bleibt in der Zuständigkeit der Deutschen Bundespost.

Die Amortisation der nichttechnischen Investition (DM 150,— pro angeschlossener Wohneinheit) und der Verwaltungskosten (DM 18,— pro Jahr und angeschlossener Wohneinheit) wurde in Kapitel 4 in die umfassende Investitionsrechnung der Bundespost einbezogen. Wenn diese beiden Positionen einer privaten Betriebsgesellschaft übertragen werden, können sie aus der Amortisationsrechnung der Bundespost herausgenommen werden. Eine gesonderte Amortisationsrechnung zeigt, daß der Betriebsgesellschaft für die Deckung der nichttechnischen Investitionen und der laufenden Verwaltungskosten ein monatliches Entgelt in Höhe von ca. DM 4,50 pro angeschlossener Wohneinheit zukommen müßte. Ob dieser Betrag ganz oder teilweise zu Lasten der monatlichen Gebühr der Deutschen Bundespost gehen sollte oder zusätzlich vom Markt getragen wird, kann ohne einen empirischen Test über die Preiselastizität der Nachfrage nicht entschieden werden. Solange kein hinreichend vielfältiges Angebot fließt, muß eine Aufstockung der monatlichen Entgelte um DM 4,50 skeptisch beurteilt werden. In der Einführungsphase wird es für die Bundespost im Interesse der Amortisation ihres Netzes zweckmäßig sein, den für die Betriebsgesellschaft notwendigen Betrag aus ihrem eigenen Gebührenaufkommen abzuzweigen. Die Amortisationsrechnung der Bundespost wird dadurch zwar beeinträchtigt, weil sie mit einem Realzins von 4,5 % rechnet, während sie der Betriebsgesellschaft mit den genannten DM 4,50 einen Nominalzins von 10 % und eine Amortisationsdauer von 6 (7) Jahren ermöglicht. Die Deutsche Bundespost muß jedoch an einer funktionstüchtigen und wirtschaftlich überlebensfähigen Betriebsgesellschaft interessiert sein, denn diese sorgt für eine höhere und schneller erreichte Anschlußdichte. Es ist deshalb sinnvoll, die Gründung, Finanzierung und Kostendeckung der Betriebsgesellschaften zu fördern. Mit dem qualitativen und quantitativen Anwachsen des Programmangebots und dem Erreichen der Eintrittsschwelle kann mit höheren monatlichen Entgelten gerechnet werden, so daß der zur Kostendeckung der Betriebsgesellschaft notwendige Betrag zusätzlich zu den Gebühren der Bundespost erzielbar sein wird.

Im Verhältnis zwischen Deutscher Bundespost und Betriebsgesellschaft ist ein weiterer Gesichtspunkt zu beachten: Die Betriebsgesellschaft kennt als Ergebnis ihrer Marktforschung die Programmnachfrage der Bevölkerung in ihrem Betätigungsgebiet. Aus der Mediaanalyse ist bekannt, daß die Bevölkerung eines Wohngebietes je nach Beruf, Ausbildungsstand, Alter und Einkommen eine differenzierte Nachfrage nach Medieninhalten artikuliert. Es ist also sinnvoll (und im internationalen Vergleich auch bewährt), das Programmangebot nicht großflächig zu nivellieren, sondern in jedem Einzelnetz auf die Bedürfnisse der Teilnehmer zuzuschneiden. Dazu zwingt bereits die Größe des Einzelnetzes, denn bei kleinen Netzen wird man sich mit einer einzigen Sattellitenantenne (z. B. ECS-Empfang) begnügen müssen, während in größeren Einzelnetzen mehrere Satellitenantennen finanziell tragbar sind.

Eine marktorientierte und flexible Differenzierung des Programmangebots kann am ehesten von der Betriebsgesellschaft vorgenommen werden. Soweit die Betriebsgesellschaft nicht selbst die Lizenz erhält, Satellitenantennen zu betreiben, müßte sie befugt sein, bei der Bundespost auf die Errichtung einer geeigneten Art und Anzahl von Antennenanlagen hinzuwirken. Dies gilt insbesondere dahingehend, daß für kleinere Netze semiprofessionelle Anlagen sinnvoll sind. Auch die Einspeisung zusätzlicher Abonnementprogramme (Pay-TV) sollte in den Aufgabenbereich der Betriebsgesellschaft fallen. Dadurch wird die Höhe des Entgeltes, das der Teilnehmer entrichtet, von der Art und der Menge des Programmangebots abhängig.

Die Gesetze (und Gesetzentwürfe) mehrerer Bundesländer sehen vor, daß eine landesweit zuständige Anstalt zur Kontrolle des Programmangebots (sogenanntes öffentlich-rechtliches Dach) gebildet wird. Zusätzlich ist in Bayern vorgesehen, örtliche (und überörtliche) Gesellschaften mit der Organisation eines lokalen Programmes zu betrauen. Diese Gesellschaften könnten auch die Marketingaufgaben einer Betriebsgesellschaft übernehmen. Die Investitionen und laufenden Kosten der örtlichen Gesellschaft müßten durch ihre Leistungen zur Programmorganisation und zum Marketing gedeckt werden. Die Finanzierung der Landesanstalt aus dem Staatshaushalt ist — wegen der gebotenen Staatsferne — bedenklich. Wenn jedoch die Anstalt — gemessen am Gesamtvolumen aller Investitionen und Kosten für das Kabelfernsehen — sich auf eine wirtschaftlich sparsame Ausübung der Kontrollaufgabe beschränkt, dann liegen die hierfür notwendigen Aufwendungen in einer Größenordnung, die die Amortisation des Gesamtsystems nicht beeinträchtigen dürfte.

Gebühren

Die Gebühren der Deutschen Bundespost bedürfen einer Fortentwicklung. Sowohl die ausschließliche Orientierung am Übergabepunkt bis Juni 1983, die die Anzahl der Wohneinheiten unberücksichtigt ließ, als auch die ausschließliche Orientierung an der Wohneinheit ab Juni 1983, die die Relation zum Übergabepunkt nicht berücksichtigt, sind wenig zweckmäßig. Während die erste Regelung vor allem für große Wohnhäuser günstig ist, werden bei der zweiten Regelung kleine Häuser preiswert angeschlossen, dagegen Wohnanlagen und ganze Siedlungen kaum motiviert. Der Betriebsversuch (August 1984) weist bereits in die richtige Richtung, indem mit wachsender Anzahl der Wohneinheiten pro Übergabepunkt eine Gebührendegression eingeführt wird.

Es ist zu empfehlen, diesen Grundgedanken auch nach der anderen Seite hin fortzusetzen und mit abnehmender Anzahl der Wohneinheiten pro Übergabepunkt (bis hin zum Einfamilienhaus) eine Gebührenprogression einzufügen. Die Gebührenstruktur nach schweizerischem Vorbild kann — vielleicht auch in abgemilderter Form — als Orientierungshilfe dienen (siehe Abschnitt 3.1).

Für die einmalige Anschließungsgebühr und die laufende monatliche Gebühr ist nach den internationalen Erfahrungen eine gegenseitige Kompensierbarkeit anzustreben. Teilnehmer mit Eigenheimmentalität bevorzugen die Einmalgebühr und wünschen niedrige monatliche Belastungen, während Teilnehmer mit Mietermentalität möglichst keine Einmalgebühr wünschen und dafür höhere monatliche Gebühren in Kauf nehmen.

Eine Gebührenerhöhung wird am Markt durchsetzbar sein, wenn zusätzliche und attraktive Programmangebote realisiert sind.

Das Angebot an Abonnementprogrammen (Pay-TV) ist förderungswürdig. Es wird zwar nur von einem Teil (vielleicht 10—25 %) der angeschlossenen Haushalte angenommen werden, erhöht jedoch insgesamt die Attraktivität des Breitbandverteilsystems und dient damit seiner Amortisation. Dies gilt besonders dann, wenn neue Spielfilme bald nach ihrem Einsatz im Kino für das Abonnementfernsehen freigegeben werden. Eine vorherige Vermarktung über Videokassetten ist zwar verständlich, weil nach der Verteilung im Pay-TV wegen der bestehenden Aufzeichnungsmöglichkeiten der Videokassettenmarkt geschwächt wird. Jedoch ist diese Reihenfolge für die Amortisationsfähigkeit des Breitbandverteilnetzes schädlich. Damit wird ein weiterer Grund für den schnellen Aufbau des Systems erkennbar: Je stärker sich der Videomarkt bereits entwickelt hat, desto schwieriger wird es, für das Abonnementfernsehen attraktive Inhalte zu bieten. Für die internationale Verwertung der Filmrechte haben sich die beiden amerikanischen Gruppen „Premiere“ und „United International Pictures“ (UIP) gebildet. Über ihre Vertragspartner in der Bundesrepublik werden voraussichtlich zwei deutschsprachige Abonnementprogramme angeboten werden. Um zu vermeiden, daß die Abonnements getrennt akquiriert werden und sich damit die Irritation der potentiellen Teilnehmer erhöht, ist es zweckmäßig, die Betriebsgesellschaft auch für diese Aufgabe heranzuziehen.

5.3 Innovationskonzeption

Nachdem bereits deutlich wurde, daß der innovative Effekt des Breitbandverteilnetzes nicht in der Technik, sondern in der Ermöglichung eines neuartigen Medienangebotes liegt, ist im folgenden zu prüfen, welche weiteren technischen und ökonomischen Innovationen durch Entscheidungen gefördert werden können. Dabei interessiert die Frage, ob die weiteren Innovationen geeignet sind, die Amortisation des Breitbandverteilsystems zu unterstützen.

Direktsatelliten

Die Einführung des Direktsatelliten (auch direkt abstrahlender Rundfunksatellit genannt) wird in der öffentlichen Diskussion oft als Gegensatz zum Breitbandverteilnetz gesehen. Dies ist aus verschiedenen Gründen unrichtig, zumindest in der Betonung der Gegensätzlichkeit überzeichnet. Der Direktsatellit stellt insoweit eine Innovation dar, als grundsätzlich jeder Teilnehmer in der Lage ist, eine eigene Direktsatellitenantenne zu installieren und sich auf diese Weise auch ohne Kabelanschluß mit zusätzlichen Fernseh- und Hörfunkprogrammen zu versorgen. Allerdings wird dies erst 1987 (TV-Sat 1) und 1988 (TV-Sat 2) der Fall sein. Einschränkend ist zu bedenken, daß die genannten Direktsatelliten über weniger Kanäle verfügen als die heute bereits genutzten Nachrichtensatelliten. Außerdem sind die Investitionen für eine Direktsatellitenantenne (siehe Abschnitt 2.1.2.2) nicht unerheblich. Auch ist die Bildqualität, die Empfangssicherheit und Wartung bei Witterungseinflüssen zu beachten. Hinzu tritt die optische Umweltbelastung durch äußerlich sichtbare Parabolantennen, deren Zulässigkeit in Bebauungsgebieten noch keineswegs gesichert ist. Immerhin erlaubt der Direktsatellit die Versorgung derjenigen Gebiete, die von dem Breitbandverteilnetz nicht erreicht werden können. Eine Direktsatellitenantenne kann natürlich auch an der Kopfstation eines Kabelnetzes errichtet werden. Der Teilnehmer an einem Kabelnetz wird dann sowohl über Nachrichtensatelliten als auch über Direktsatelliten versorgt.

Der Direktsatellitenempfang mit einfachen Parabolantennen (ca. DM 2.500,—) ist nur für einzelne und kleinere Häuser (Telebild, Wien: bis zu zwei Stockwerken mit je zwei bis drei Wohnungen) geeignet. Für größere Häuser und Wohnanlagen benötigt man auch im Falle der ausschließlichen Versorgung über Direktsatelliten ein Kabelnetz mit einer anspruchsvolleren Antennenanlage (Investition bei profesioneller Ausführung ca. DM 110.000,—, bei semiprofessioneller Ausführung ca. DM 21.000,—). Es muß nämlich eine zusätzliche Frequenzumsetzung stattfinden, da die hohe Dämpfung im 1-GHz-Bereich die Länge des Signaltransportweges innerhalb des Hauses einschränkt (EKM, 1981, Band 1, S. 67).

Unter solchen Umständen wird es für breite Bevölkerungskreise auch in Zukunft sinnvoll bleiben, sich an ein Breitbandkabelnetz anzuschließen. Zwischen dem Programmempfang über Nachrichtensatelliten und über Direktsatelliten wird es eine Gebietsstruktur mittlerer Besiedlungsdichte geben, in der ein technisches und wirtschaftliches Abwägen zwischen beiden Empfangstechniken naheliegt.

Im weiteren Verlauf des Innovationsprozesses wird es für möglich gehalten, daß der Unterschied zwischen Nachrichtensatellit und Direktsatellit abnimmt und schließlich schwindet. Dann könnte man sowohl über Gemeinschaftsempfang als auch über Einzelempfang dieselben Programme empfangen. Die Wahl der geeigneten Technik ist dann lediglich abhängig von der geographischen Lage, dem technischen Komfort und den Investitionen.

Die Entscheidung für den Direktsatelliten, die sowohl von den Ministerpräsidenten der Bundesländer als auch vom Bundeskabinett getragen wird, ist im übrigen auch für die Breitbandverteilnetze amortisationsfördernd. Denn damit wird insgesamt die Übertragungskapazität für neue Programme erhöht und insoweit der Öffnung des Medienmarktes gedient.

Rückkanal

Das Breitbandverteilnetz überträgt bewegte Bilder (mit Ton) von der zentralen Kopfstation in Vorwärtsrichtung zum Teilnehmer. Es ist insoweit ein einseitig gerichtetes Versorgungsnetz. Das Kabel enthält jedoch von vornherein im Frequenzbereich 5 bis 10 MHz die Möglichkeit, auch Signale vom Teilnehmer zur zentralen Kopfstation zu leiten (Kaiser, 1982, S. 62). Allerdings handelt es sich bei diesem Rückkanal um eine schmalbandige Verbindung, die nur den Transport von alphanumerischen Zeichen erlaubt. Ein breitbandiger Rückkanal, wie er in dem japanischen Pilotprojekt Hi-OVIS getestet wurde, hat sich als zu teuer erwiesen und ist angesichts der Vorbereitungen zu einem Breitband-ISDN auch nicht notwendig.

Unter anderem kann der schmalbandige Rückkanal für den Abruf von einzelnen Programmblöcken (pay per view) verwendet werden. Dies setzt voraus, daß die Sendezentrale auf die eingehenden Bestellungen reagiert, d. h. ein beim Teilnehmer befindliches Endgerät autorisiert (freischaltet) bzw. de-autorisiert (sperrt). Ein solches Verfahren wurde im amerikanischen QUBE-System angewendet. Auch der von der Post versuchsweise eingesetzte fernsteuerbare adressierbare Teilnehmerkonverter (FAT, siehe 2.1.4) könnte die Einzelbestellung von Programmblöcken über die Steuerungszentrale verarbeiten.

Da künftige Pay-TV-Programme über Direktsatelliten sowohl Kabelsystemen (Gemeinschaftsempfang) als auch Besitzern von Individualantennen angeboten werden, muß die Möglichkeit geschaffen werden, in beiden Fällen jeden Teilnehmer getrennt zum Empfang zu autorisieren bzw. vom Empfang auszuschließen. Dies gilt auch für die an Kabelsysteme der Bundespost angeschlossenen Teilnehmer, da die Pay-TV-Abonnenten stets nur eine Teilmenge der insgesamt an ein Kabelsystem angeschlossenen Haushalte darstellen.

Die Autorisierung der Teilnehmer muß daher an der Sendestation des Satellitensignals (Uplink-Station) erfolgen. Der einzelne Teilnehmer muß mit einem adressierbaren Decoder ausgerüstet werden, der durch ein von der Uplink-Station über die Satellitenstrecke ausgesandtes Adressierungssignal zu- und abgeschaltet werden kann. Systeme dieser Art sind von der amerikanischen Industrie entwickelt worden und werden gegenwärtig versuchsweise in den USA und in Kanada eingesetzt. Die Adressierungsgeschwindigkeit bei einer sequentiellen Durchgabe von Codenummern ist so hoch, daß auch große Teilnehmerzahlen mehrmals pro Tag autorisiert bzw. deautorisiert werden können, was die Einführung von pay per view ermöglicht (Quelle: Telebild, Wien).

Dieses System läßt die Frage offen, in welcher Weise die Sendestation des Satellitensignals Bestellungen der Teilnehmer (Monatsabonnements oder Einzelabrufe) empfängt. Hierzu ist in Kabelsystemen sowohl der (schmalbandige) Rückkanal geeignet, der allerdings an der örtlichen Kopfstation endet, als auch das Telefon und als langsamster Übermittlungsweg die Briefpost. Eine besondere Bedeutung für die schnelle Übermittlung und Verarbeitung von Bestellungen könnte Bildschirmtext (Btx) erlangen, da dieses System die direkte Einspeicherung der Bestellungen in den Adressierungscomputer ohne ein dazwischen liegendes Handling ermöglicht. Die Alternative „Rückkanal" entfällt natürlich bei Pay-TV-Bestellern, welche das Signal über Individualantennen empfangen.

Dem Adressierungscomputer an der Uplink-Station wäre ein Verrechnungscomputer anzuschließen, der die Monats- und Einzelentgelte gemäß den vorliegenden Bestellungen registriert und die Teilnehmer belastet. Jedenfalls zeigt sich eine technische Vielfalt für die Organisation des Rückwärtssignals (Bestellung) vom Teilnehmer zur Zentrale, gleichgültig, ob diese Zentrale zunächst bei der Kopfstation des Kabelverteilnetzes oder später bei der Sendestation des Satellitensignals liegt. Pay-TV löst somit eine Innovationswelle aus, die bei der Beschränkung des Kabelfernsehens auf allgemein zugängliche Basisdienste noch nicht gegeben ist.

Sonstige Dienste

Mit Hilfe des Rückkanals können noch weitere (über den Programmabruf hinausgehende) Dienste realisiert werden. Es handelt sich um Fernmeß- und Fernwirkdienste (z. B. im Zusammenhang mit kommunaler Strom-, Gas- und Wasserversorgung), aber auch um Einbruchssicherung, Notruf und Datenverkehr. Schließlich kann ein Abrufsystem, das in seiner Geschwindigkeit über Bildschirmtext hinausgeht, in Breitbandkabelsystemen verwirklicht werden (Kabeltextabruf).

Derartige (und noch weitere) Dienste auf Breitbandkabelnetzen stellen für die Zukunft ein Innovationspotential dar. Jedoch sind die folgenden Einschränkungen zu bedenken:

— Die sonstigen Dienste können statt über den (schmalbandigen) Rückkanal auch über den ebenfalls schmalbandigen Telefonweg (in Zukunft über Schmalband-ISDN) realisiert werden. Da der Verbreitungsgrad des Telefons für lange Zeit höher sein wird als der Verbreitungsgrad des Kabelfernsehens, besteht eine sinnvolle Alternative zum Rückkanal.

— Die konzipierten Einzelnetze stellen Kommunikationsinseln dar, die für die Einführung sonstiger Dienste wenig geeignet sind. Kabeltext und Datenverkehr werden deshalb eher auf anderen Netzen verwirklicht werden als in den räumlich eng begrenzten Netzen des Kabelfernsehens.

— Gerade weil im Falle der Breitbandverteilnetze vielfältige Kombinationen der Kooperation zwischen der Deutschen Bundespost und privaten Gesellschaften erwogen werden und auch empfehlenswert sind, muß die Bundespost darauf bedacht sein, ihre Fernmeldedienste in eigenen Fernmeldenetzen durchzuführen.

Erhöhte Bandbreite

Es wird seit längerer Zeit auch in Deutschland diskutiert, die Bandbreite über die bisher übliche Begrenzung (300 MHz) auf 440 MHz auszuweiten. Die Vorbereitung der Standardisierung ist eingeleitet. Eine entsprechende Entscheidung ist amortisationsfördernd für Breitbandverteilnetze, denn mit einem größeren Spielraum in der nutzbaren Bandbreite kann die Anzahl der Programme erhöht werden.

Glasfaser-Breitbandvermittlungsnetze

Als zukünftiger Innovationsschritt deutet sich die Einführung eines Breitband-ISDN-Netzes in Glasfasertechnik an. Während die Glasfaser bereits vorher zur Verbindung von Einzelnetzen des Kabelfernsehens herangezogen wird, aber in der Endverzweigung des Breitbandverteilnetzes noch unwirtschaftlich bleibt, wird ihr Einsatz in einem vermittelten Netz für die breitbandige Individualkommunikation von Büro zu Büro geplant. Da sich dieses Netz jedoch an einen anderen Adressatenkreis wendet als das Breitbandverteilnetz (private Haushalte), wird auf eine längere Innovationsperiode hin ein unmittelbarer Konkurrenzbezug zwischen beiden Netzkonfigurationen nicht hergestellt. Das heute im Aufbau befindliche Breitbandverteilnetz und das für zukünftige Formen der Individualkommunikation vorgesehene Breitbandvermittlungsnetz behindern sich gegenseitig nicht in ihrer Amortisation.

Anmerkungen

1 In der Definition der Einkommens- und Verbrauchsstichprobe (EVS), Januar 1983 (Erhebung des Statistischen Bundesamtes): In dieser Zahl sind nicht enthalten die Haushalte von Ausländern sowie die Haushalte in Anstalten und die Haushalte mit einem monatlichen Haushaltsnettoeinkommen von DM 25.000 und mehr.

2 Witte/Senn, Zeitungen im Medienmarkt der Zukunft, C. E. Poeschel Verlag, Stuttgart, 1984, S. 60 ff.

3 Vgl. zu den Punkten B, C_2, D_2 und E: Kommission für den Ausbau des technischen Kommunikationssystems, Anlageband 5 zum Telekommunikationsbericht, Bonn 1976, S. 209.

4 Siehe im einzelnen: Kommission für den Ausbau des technischen Kommunikationssystems, Anlageband 5 zum Telekommunikationsbericht, Bonn 1976; Bundesrechnungshof, Bericht zur Wirtschaftlichkeit öffentlicher Breitbandverteilnetze, Juni 1984, S. 9.

5 Die technischen Mindestanforderungen an den Tiefbau sind von seiten der Bundespost exakt definiert: Vgl. Zusätzliche Technische Vorschriften der Deutschen Bundespost für Bauleistungen am Fernmeldeleitungsnetz (ZTV-FLN), Teil 10 (Tiefbauarbeiten für Gräben und Baugruben), insbes. Ziff. 4.3 und 4.4 sowie Teil 11 (Auslegen von Erdkabeln), insbes. Ziff. 3.1, 3.3 und 3.4.

6 Schweizerisches Bundesgesetz betreffend den Telegraphen- und Telephonverkehr vom 14. Oktober 1922, Art. 1 i.V.m. Art. 36 der Bundesverfassung der schweizerischen Eidgenossenschaft vom 31. 1. 1874. Vgl. dazu für die Bundesrepublik Deutschland § 1 des Gesetzes über Fernmeldeanlagen vom 14. 1. 1928 i.V.m. Art. 73, Ziff. 7 des Grundgesetzes für die Bundesrepublik Deutschland vom 23. 5. 1949.

7 Die Vollziehungsverordnung I zum schweizerischen Bundesgesetz betr. den Telegraphen- und Telephonverkehr vom 1. 6. 1942 konkretisiert in ihrem zweiten Teil den Art. 3 des Telegraphen- und Telephonverkehrsgesetzes, der eine Konzessionserteilung an Private grundsätzlich vorsieht.

8 Die Berechnungen beziehen sich auf volle Jahre der Amortisation mit und ohne Zins. Zur Veranschaulichung wurden die Punkte gestrichelt miteinander verbunden, um den Kurvenverlauf erkennbar werden zu lassen.

Verzeichnis der zitierten Quellen

Arnold, F.: SCS-Studie zur künftigen Entwicklung der öffentlichen Fernmeldenetze in der Bundesrepublik Deutschland und ihre Auswirkungen auf die Benutzer, Hamburg 1984.

Baur, H.: Telekommunikation zwischen den Büros — heute und künftig, in: E. Witte (Hrsg.): Bürokommunikation — Ein Beitrag zur Produktivitätssteigerung, Berlin u. a. 1984.

Bundesrechnungshof: Bericht zur Wirtschaftlichkeit öffentlicher Breitbandverteilnetze, Juni 1984 (1 Anlageband).

Dawson, F.: Wiring America, in: CableVision, January 10, 1983, S. 25 ff.

Der Bundesminister für das Post- und Fernmeldewesen (Hrsg.): Konzept der Deutschen Bundespost zur Weiterentwicklung der Fernmeldeinfrastruktur, Bonn 1984.

Der Bundesminister für Forschung und Technologie (Hrsg.): Informationstechnik — Konzeption der Bundesregierung zur Förderung der Entwicklung der Mikroelektronik, der Informations- und Kommunikationstechniken, Bonn 1984.

Deutsche Bundespost: Zusätzliche Technische Vorschriften der Deutschen Bundespost für Bauleistungen am Fernmeldeleitungsnetz (ZTV-FLN), Teile 10 u. 11, 1983.

Deutscher Städtetag (Hrsg.): Statistisches Jahrbuch Deutscher Gemeinden, Köln 1982.

Dreiundzwanzigste Verordnung zur Änderung der Fernmeldeordnung (23. ÄndV-FO) vom 21. 6. 1983, in: Amtsblatt des Bundesministers für das Post- und Fernmeldewesen, Nr. 83, Jahrgang 1983, S. 979 ff.

Expertenkommission Neue Medien (EKM), Baden-Württemberg: Abschlußbericht, 3 Bde., Stuttgart 1981.

Itin, P./Jenny, V.: Das Spektrum der Finanzierung von elektronischen Medien im Lokal-Bereich, Frohburg/St. Gallen 1982.

Kabel, R./Strätling, Th.: Kommunikationssatelliten International — Materialien (Studie des Senders Freies Berlin), März 1984.

Kaiser, W.: Interaktive Breitbandkommunikation; Nutzungsformen und Technik von Systemen mit Rückkanälen, Berlin/Heidelberg/New York 1982.

Kommission für den Ausbau des technischen Kommunikationssystems (KtK): Telekommunikationsbericht mit acht Anlagebänden, Bonn-Bad Godesberg 1976.

Lenhardt, H.: Teure Neue Medien; Schwierigkeiten, Irrtümer, Chancen, Salzburg 1983.

Müller-Römer, F.: Satellitenrundfunk, Vorabdruck eines Beitrags in „Neue Medien", Heft 2/1984.

National Cable Televisioin Association (NCTA) (Hrsg.): Cable Television Development, June 1984.

o. V.: Cable Services Subscriber Count, in: CableVision, July 16, 1984, S. 62.

o. V.: Ist der Dollar „überbewertet"?, in: Blick durch die Wirtschaft, Nr. 173, 20. 9. 1984, S. 8.

Projektgruppe „Vorgaben für BK-Netzausbau": Schlußbericht, Juni 1984.

Ring, W.-D.: Deutsches Presse- und Rundfunkrecht, Textsammlung mit Anmerkungen, Verweisungen und Sachregister, München 1984 (Loseblattsammlung).

Schmidt, R.-B.: Unternehmungsinvestitionen; Strukturen, Entscheidungen, Kalküle, 4., neubearb. u. erw. Aufl., Opladen 1984.

Statistisches Bundesamt: Ergebnisse der Einkommens- und Verbrauchsstichprobe 1983, in: Fachserie 15 der Veröffentlichungen des Statistischen Bundesamtes, Stuttgart/Mainz 1984.

Technische Direktion des Bayerischen Rundfunks (Hrsg.): Satellitenrundfunk in der Bundesrepublik Deutschland, Juli 1984.

Witte, E./Senn, J.: Zeitungen im Medienmarkt der Zukunft — Eine betriebswirtschaftliche Untersuchung —, Stuttgart 1984.

Anhang

Anlage 1: Marktstudien zum Kabel- und Satellitenfernsehen

GfK-Nürnberg, Gesellschaft für Konsum-, Markt- und Absatzforschung e. V.: „Basisanalyse Bundespost 1983“ (Dezember 1983).

Fernmeldetechnisches Zentralamt (in Zusammenarbeit mit der MARPLAN Forschungsgesellschaft mbH, Offenbach): „Untersuchung der Nachfrage für BK-Anschlüsse“ (März 1984).

Roland Berger Forschungs-Institut für Markt- und Systemforschung GmbH, München: „Kabelprojekte Braunschweig, Wolfsburg — Akzeptanzstudie; erstellt im Auftrag der Projektgesellschaft für Kabelkommunikation mbH, Wiesbaden“ (7. 5. 1984).

GfK-Handelsforschung GmbH & Co KG iG, Nürnberg: „Das Medium ‚Kabelfernsehen‘ im Urteil der Konsumenten — Ergebnisse einer Fragebogenaktion, durchgeführt von der Anstalt für Kabelkommunikation, Ludwigshafen“ (Juli 1984).

Infratest Kommunikationsforschung GmbH: „Kabelpilotprojekt München — Telefonische Befragung von Teilnehmern und Nicht-Teilnehmern“ (Juli 1984).

infas & Ennemann — Institut für Medienforschung und regionale Marktanalysen GmbH: „Kontinuierliches Berichtssystem über Einstellungen der Bevölkerung zur Deutschen Bundespost — Trends und Ergebnisse aus dem 1. Halbjahr 1984.“

Institut für Demoskopie, Allensbach: „Das Urteil über Satelliten-Fernsehprogramme — Bericht über die Ergebnisse einer Umfrage in Kabelfernsehhaushalten in Berlin, Kiel, Hannover, Meschede, Weiden, Ludwigshafen und München“ (Abschlußbericht vom 26. 9. 1984).

Anlage 2

E R G E B N I S   D E R   A M O R T I S A T I O N S R E C H N U N G   V O N   B R E I T B A N D V E R T E I L S Y S T E M E N

PROFESSIONELLE EMPFANGSANLAGE

ANZAHL DER WOHNEINHEITEN	:	25000.
ANZAHL DER UEBERGABEPUNKTE	:	5000.
INVEST.PRO UEBERGABEPUNKT I.DURCHSCHN.	:	1620.0 DM
ANZAHL D.WOHNEINHEITEN PRO UEBERGABEP.	:	5.0
ANFANGSINVESTITIONEN F.EMPFANGSANLAGEN	:	593000.0 DM
GESAMTINVESTITIONEN FUER DAS NETZ	:	10350000.0 DM
GES.INVEST. PRO ANGESCHL.WOHNEINHEIT	:	437.7 DM

JAHR	1	2	3	4	5	6	7	8	9	10	11	12	13	14	15	16	17	18	19	20
ANSCHL.DICHTE (%)																				
BEZUEGL. WE	35.	48.	60.	60.	60.	60.	60.	60.	60.	60.	60.	60.	60.	60.	60.	60.	60.	60.	60.	60.
BEZUEGL.UEP	47.	48.	60.	60.	60.	60.	60.	60.	60.	60.	60.	60.	60.	60.	60.	60.	60.	60.	60.	60.
UEP.INSTALL	75.	100.	100.	100.	100.	100.	100.	100.	100.	100.	100.	100.	100.	100.	100.	100.	100.	100.	100.	100.
(100000 DM)																				
ANSCHL-GEB.	30.63	15.63	15.63	0.00	0.00	0.00	0.00	0.00	0.00	0.00	0.00	0.00	0.00	0.00	0.00	0.00	0.00	0.00	0.00	0.00
MONATL.-GEB	4.73	11.14	14.51	16.20	16.20	16.20	16.20	16.20	16.20	16.20	16.20	16.20	16.20	16.20	16.20	16.20	16.20	16.20	16.20	16.20
EINNAHMEN	35.35	26.76	30.14	16.20	16.20	16.20	16.20	16.20	16.20	16.20	16.20	16.20	16.20	16.20	16.20	16.20	16.20	16.20	16.20	16.20
INVEST.NETZ	73.88	24.94	4.69	0.00	0.00	0.00	0.00	0.00	0.00	0.00	0.00	0.00	0.00	0.00	0.00	0.00	0.00	0.00	0.00	0.00
BETR.K-NETZ	2.61	4.29	4.85	5.13	5.13	5.13	5.13	5.13	5.13	5.13	5.13	5.13	5.13	5.13	5.13	5.13	5.13	5.13	5.13	5.13
BETR.K-EANL	.24	.24	.24	.24	.24	.24	.24	.24	.24	.24	.24	.24	.24	.24	.24	.24	.24	.24	.24	.24
ABL.AN BUND	3.34	2.68	3.01	1.62	1.62	1.62	1.62	1.62	1.62	1.62	1.62	1.62	1.62	1.62	1.62	1.62	1.62	1.62	1.62	1.62
AUSGABEN	80.26	32.14	12.79	6.99	6.99	6.99	6.99	6.99	6.99	6.99	6.99	6.99	6.99	6.99	6.99	6.99	6.99	6.99	6.99	6.99
UEBERSCHUSS	-44.91	-5.38	17.35	9.21	9.21	9.21	9.21	9.21	9.21	9.21	9.21	9.21	9.21	9.21	9.21	9.21	9.21	9.21	9.21	9.21
KUM-UEBERS.	-44.9	-50.3	-32.9	-23.7	-14.5	-5.3	3.9	13.1	22.3	31.5	40.8	50.0	59.2	68.4	77.6	86.8	96.0	105.2	114.4	123.7
U-ABGEZINST	-44.9	-50.1	-34.2	-26.1	-18.4	-11.0	-3.9	2.9	9.3	15.5	21.5	27.1	32.6	37.8	42.8	47.5	52.1	56.4	60.6	64.6
AMORTISATION								O.ZINS	M.ZINS											

Anlage 3

ERGEBNIS DER AMORTISATIONSRECHNUNG VON BREITBANDVERTEILSYSTEMEN

PROFESSIONELLE EMPFANGSANLAGE

ANZAHL DER WOHNEINHEITEN	:	25000.
ANZAHL DER UEBERGABEPUNKTE	:	4167.
INVEST.PRO UEBERGABEPUNKT I.DURCHSCHN.	:	1620.0 DM
ANZAHL D.WOHNEINHEITEN PRO UEBERGABEP.	:	6.0
ANFANGSINVESTITIONEN F.EMPFANGSANLAGEN	:	593000.0 DM
GESAMTINVESTITIONEN FUER DAS NETZ	:	9000000.0 DM
GES.INVEST. PRO ANGESCHL.WOHNEINHEIT	:	383.7 DM

JAHR	1	2	3	4	5	6	7	8	9	10	11	12	13	14	15	16	17	18	19	20
ANSCHL.DICHTE (%)																				
BEZUEGL. WE	35.	48.	60.	60.	60.	60.	60.	60.	60.	60.	60.	60.	60.	60.	60.	60.	60.	60.	60.	60.
BEZUEGL.UEP	47.	48.	60.	60.	60.	60.	60.	60.	60.	60.	60.	60.	60.	60.	60.	60.	60.	60.	60.	60.
UEP.INSTALL	75.	100.	100.	100.	100.	100.	100.	100.	100.	100.	100.	100.	100.	100.	100.	100.	100.	100.	100.	100.
(100000 DM)																				
ANSCHL-GEB.	30.63	15.63	15.63	0.00	0.00	0.00	0.00	0.00	0.00	0.00	0.00	0.00	0.00	0.00	0.00	0.00	0.00	0.00	0.00	0.00
MONATL.-GEB	4.73	11.14	14.51	16.20	16.20	16.20	16.20	16.20	16.20	16.20	16.20	16.20	16.20	16.20	16.20	16.20	16.20	16.20	16.20	16.20
EINNAHMEN	35.35	26.76	30.14	16.20	16.20	16.20	16.20	16.20	16.20	16.20	16.20	16.20	16.20	16.20	16.20	16.20	16.20	16.20	16.20	16.20
INVEST.NETZ	63.75	21.56	4.69	0.00	0.00	0.00	0.00	0.00	0.00	0.00	0.00	0.00	0.00	0.00	0.00	0.00	0.00	0.00	0.00	0.00
BETR.K-NETZ	2.31	3.88	4.44	4.73	4.73	4.73	4.73	4.73	4.73	4.73	4.73	4.73	4.73	4.73	4.73	4.73	4.73	4.73	4.73	4.73
BETR.K-EANL	.24	.24	.24	.24	.24	.24	.24	.24	.24	.24	.24	.24	.24	.24	.24	.24	.24	.24	.24	.24
ABL.AN BUND	3.54	2.68	3.01	1.62	1.62	1.62	1.62	1.62	1.62	1.62	1.62	1.62	1.62	1.62	1.62	1.62	1.62	1.62	1.62	1.62
AUSGABEN	69.83	28.36	12.38	6.58	6.58	6.58	6.58	6.58	6.58	6.58	6.58	6.58	6.58	6.58	6.58	6.58	6.58	6.58	6.58	6.58
UEBERSCHUSS	-34.48	-1.60	17.75	9.62	9.62	9.62	9.62	9.62	9.62	9.62	9.62	9.62	9.62	9.62	9.62	9.62	9.62	9.62	9.62	9.62
KUM-UEBERS.	-34.5	-36.1	-18.3	-8.7	.9	10.5	20.1	29.8	39.4	49.0	58.6	68.2	77.8	87.5	97.1	106.7	116.3	125.9	135.5	145.2
U-ABGEZINST	-34.5	-36.0	-19.7	-11.3	-3.3	4.5	11.8	18.9	25.7	32.1	38.3	44.3	49.9	55.4	60.6	65.5	70.3	74.8	79.2	83.3
AMORTISATION						O.ZINS	M.ZINS													

Anlage 4

E R G E B N I S   D E R   A M O R T I S A T I O N S R E C H N U N G   V O N   B R E I T B A N D V E R T E I L S Y S T E M E N

PROFESSIONELLE EMPFANGSANLAGE

ANZAHL DER WOHNEINHEITEN	:	25000.
ANZAHL DER UEBERGABEPUNKTE	:	7143.
INVEST.PRO UEBERGABEPUNKT I.DURCHSCHN.	:	1620.0 DM
ANZAHL D.WOHNEINHEITEN PRO UEBERGABEP.	:	3.5
ANFANGSINVESTITIONEN F.EMPFANGSANLAGEN	:	593000.0 DM
GESAMTINVESTITIONEN FUER DAS NETZ	:	13821428.6 DM
GES.INVEST. PRO ANGESCHL.WOHNEINHEIT	:	576.6 DM

JAHR	1	2	3	4	5	6	7	8	9	10	11	12	13	14	15	16	17	18	19	20
ANSCHL.DICHTE (%)																				
BEZUEGL. WE	35.	48.	60.	60.	60.	60.	60.	60.	60.	60.	60.	60.	60.	60.	60.	60.	60.	60.	60.	60.
BEZUEGL.UEP	47.	48.	60.	60.	60.	60.	60.	60.	60.	60.	60.	60.	60.	60.	60.	60.	60.	60.	60.	60.
UEP.INSTALL	75.	100.	100.	100.	100.	100.	100.	100.	100.	100.	100.	100.	100.	100.	100.	100.	100.	100.	100.	100.
(100000 DM)																				
ANSCHL-GEB.	30.63	15.63	15.63	0.00	0.00	0.00	0.00	0.00	0.00	0.00	0.00	0.00	0.00	0.00	0.00	0.00	0.00	0.00	0.00	0.00
MONATL.-GEB	4.73	11.14	14.51	16.20	16.20	16.20	16.20	16.20	16.20	16.20	16.20	16.20	16.20	16.20	16.20	16.20	16.20	16.20	16.20	16.20
EINNAHMEN	35.35	26.76	30.14	16.20	16.20	16.20	16.20	16.20	16.20	16.20	16.20	16.20	16.20	16.20	16.20	16.20	16.20	16.20	16.20	16.20
INVEST.NETZ	99.91	33.62	4.69	0.00	0.00	0.00	0.00	0.00	0.00	0.00	0.00	0.00	0.00	0.00	0.00	0.00	0.00	0.00	0.00	0.00
BETR.K-NETZ	3.39	5.33	5.89	6.17	6.17	6.17	6.17	6.17	6.17	6.17	6.17	6.17	6.17	6.17	6.17	6.17	6.17	6.17	6.17	6.17
BETR.K-EANL	.24	.24	.24	.24	.24	.24	.24	.24	.24	.24	.24	.24	.24	.24	.24	.24	.24	.24	.24	.24
ABL.AN BUND	3.54	2.68	3.01	1.62	1.62	1.62	1.62	1.62	1.62	1.62	1.62	1.62	1.62	1.62	1.62	1.62	1.62	1.62	1.62	1.62
AUSGABEN	107.08	41.86	13.83	8.03	8.03	8.03	8.03	8.03	8.03	8.03	8.03	8.03	8.03	8.03	8.03	8.03	8.03	8.03	8.03	8.03
UEBERSCHUSS	-71.73	-15.10	16.31	8.17	8.17	8.17	8.17	8.17	8.17	8.17	8.17	8.17	8.17	8.17	8.17	8.17	8.17	8.17	8.17	8.17
KUM-UEBERS.	-71.7	-86.8	-70.5	-62.3	-54.2	-46.0	-37.8	-29.7	-21.5	-13.3	-5.2	3.0	11.2	19.4	27.5	35.7	43.9	52.0	60.2	68.4
U-ABGEZINST	-71.7	-86.2	-71.2	-64.1	-57.2	-50.7	-44.4	-38.4	-32.6	-27.2	-21.9	-16.9	-12.0	-7.4	-3.0	1.2	5.2	9.1	12.8	16.4
AMORTISATION													O.ZINS					M.ZINS		

Anlage 5

E R G E B N I S   D E R   A M O R T I S A T I O N S R E C H N U N G   V O N   B R E I T B A N D V E R T E I L S Y S T E M E N

PROFESSIONELLE EMPFANGSANLAGE

ANZAHL DER WOHNEINHEITEN	:	10000.
ANZAHL DER UEBERGABEPUNKTE	:	2857.
INVEST.PRO UEBERGABEPUNKT I.DURCHSCHN.	:	1620.0 DM
ANZAHL D.WOHNEINHEITEN PRO UEBERGABEP.	:	3.5
ANFANGSINVESTITIONEN F.EMPFANGSANLAGEN	:	593000.0 DM
GESAMTINVESTITIONEN FUER DAS NETZ	:	5528571.4 DM
GES.INVEST. PRO ANGESCHL.WOHNEINHEIT	:	612.2 DM

JAHR	1	2	3	4	5	6	7	8	9	10	11	12	13	14	15	16	17	18	19	20
ANSCHL.DICHTE (%)																				
BEZUEGL. WE	35.	48.	60.	60.	60.	60.	60.	60.	60.	60.	60.	60.	60.	60.	60.	60.	60.	60.	60.	60.
BEZUEGL.UEP	47.	48.	60.	60.	60.	60.	60.	60.	60.	60.	60.	60.	60.	60.	60.	60.	60.	60.	60.	60.
UEP.INSTALL	75.	100.	100.	100.	100.	100.	100.	100.	100.	100.	100.	100.	100.	100.	100.	100.	100.	100.	100.	100.
(100000 DM)																				
ANSCHL-GEB.	12.25	6.25	6.25	0.00	0.00	0.00	0.00	0.00	0.00	0.00	0.00	0.00	0.00	0.00	0.00	0.00	0.00	0.00	0.00	0.00
MONATL.-GEB	1.89	4.46	5.81	6.48	6.48	6.48	6.48	6.48	6.48	6.48	6.48	6.48	6.48	6.48	6.48	6.48	6.48	6.48	6.48	6.48
EINNAHMEN	14.14	10.71	12.06	6.48	6.48	6.48	6.48	6.48	6.48	6.48	6.48	6.48	6.48	6.48	6.48	6.48	6.48	6.48	6.48	6.48
INVEST.NETZ	39.96	13.45	1.88	0.00	0.00	0.00	0.00	0.00	0.00	0.00	0.00	0.00	0.00	0.00	0.00	0.00	0.00	0.00	0.00	0.00
BETR.K-NETZ	1.36	2.13	2.36	2.47	2.47	2.47	2.47	2.47	2.47	2.47	2.47	2.47	2.47	2.47	2.47	2.47	2.47	2.47	2.47	2.47
BETR.K-EANL	.24	.24	.24	.24	.24	.24	.24	.24	.24	.24	.24	.24	.24	.24	.24	.24	.24	.24	.24	.24
ABL.AN BUND	1.41	1.07	1.21	.65	.65	.65	.65	.65	.65	.65	.65	.65	.65	.65	.65	.65	.65	.65	.65	.65
AUSGABEN	42.97	16.89	5.68	3.36	3.36	3.36	3.36	3.36	3.36	3.36	3.36	3.36	3.36	3.36	3.36	3.36	3.36	3.36	3.36	3.36
UEBERSCHUSS	-28.83	-6.18	6.38	3.12	3.12	3.12	3.12	3.12	3.12	3.12	3.12	3.12	3.12	3.12	3.12	3.12	3.12	3.12	3.12	3.12
KUM-UEBERS.	-28.8	-35.0	-28.6	-25.5	-22.4	-19.3	-16.1	-13.0	-9.9	-6.8	-3.6	-.5	2.6	5.7	8.9	12.0	15.1	18.2	21.4	24.5
U-ABGEZINST	-28.8	-34.7	-28.9	-26.2	-23.5	-21.0	-18.6	-16.3	-14.1	-12.0	-10.0	-8.1	-6.3	-4.5	-2.8	-1.2	.3	1.8	3.2	4.6
AMORTISATION															0.ZINS					

Anlage 6

E R G E B N I S   D E R   A M O R T I S A T I O N S R E C H N U N G   V O N   B R E I T B A N D V E R T E I L S Y S T E M E N

SEMIPROFESSIONELLE EMPFANGSANLAGE

ANZAHL DER WOHNEINHEITEN	:	10000.
ANZAHL DER UEBERGABEPUNKTE	:	2857.
INVEST.PRO UEBERGABEPUNKT I.DURCHSCHN.	:	1620.0 DM
ANZAHL D.WOHNEINHEITEN PRO UEBERGABEP.	:	3.5
ANFANGSINVESTITIONEN F.EMPFANGSANLAGEN	:	160000.0 DM
GESAMTINVESTITIONEN FUER DAS NETZ	:	5528571.4 DM
GES.INVEST. PRO ANGESCHL.WOHNEINHEIT	:	568.9 DM

JAHR	1	2	3	4	5	6	7	8	9	10	11	12	13	14	15	16	17	18	19	20
ANSCHL.DICHTE (%)																				
BEZUEGL. WE	35.	48.	60.	60.	60.	60.	60.	60.	60.	60.	60.	60.	60.	60.	60.	60.	60.	60.	60.	60.
BEZUEGL.UEP	47.	48.	60.	60.	60.	60.	60.	60.	60.	60.	60.	60.	60.	60.	60.	60.	60.	60.	60.	60.
UEP.INSTALL	75.	100.	100.	100.	100.	100.	100.	100.	100.	100.	100.	100.	100.	100.	100.	100.	100.	100.	100.	100.
(100000 DM)																				
ANSCHL-GEB.	12.25	6.25	6.25	0.00	0.00	0.00	0.00	0.00	0.00	0.00	0.00	0.00	0.00	0.00	0.00	0.00	0.00	0.00	0.00	0.00
MONATL.-GEB	1.89	4.46	5.81	6.48	6.48	6.48	6.48	6.48	6.48	6.48	6.48	6.48	6.48	6.48	6.48	6.48	6.48	6.48	6.48	6.48
EINNAHMEN	14.14	10.71	12.06	6.48	6.48	6.48	6.48	6.48	6.48	6.48	6.48	6.48	6.48	6.48	6.48	6.48	6.48	6.48	6.48	6.48
INVEST.NETZ	39.96	13.45	1.88	0.00	0.00	0.00	0.00	0.00	0.00	0.00	0.00	0.00	0.00	0.00	0.00	0.00	0.00	0.00	0.00	0.00
BETR.K-NETZ	1.36	2.13	2.36	2.47	2.47	2.47	2.47	2.47	2.47	2.47	2.47	2.47	2.47	2.47	2.47	2.47	2.47	2.47	2.47	2.47
BETR.K-EANL	.07	.07	.07	.07	.07	.07	.07	.07	.07	.07	.07	.07	.07	.07	.07	.07	.07	.07	.07	.07
ABL.AN BUND	1.41	1.07	1.21	.65	.65	.65	.65	.65	.65	.65	.65	.65	.65	.65	.65	.65	.65	.65	.65	.65
AUSGABEN	42.81	16.72	5.51	3.19	3.19	3.19	3.19	3.19	3.19	3.19	3.19	3.19	3.19	3.19	3.19	3.19	3.19	3.19	3.19	3.19
UEBERSCHUSS	-28.67	-6.02	6.55	3.29	3.29	3.29	3.29	3.29	3.29	3.29	3.29	3.29	3.29	3.29	3.29	3.29	3.29	3.29	3.29	3.29
KUM-UEBERS.	-28.7	-34.7	-28.1	-24.8	-21.6	-18.3	-15.0	-11.7	-8.4	-5.1	-1.8	1.5	4.8	8.1	11.4	14.7	17.9	21.2	24.5	27.8
U-ABGEZINST	-28.7	-34.4	-28.4	-25.5	-22.8	-20.1	-17.6	-15.2	-12.9	-10.7	-8.5	-6.5	-4.6	-2.7	-.9	.8	2.4	3.9	5.4	6.9
AMORTISATION													O.ZINS				M.ZINS			

Anlage 7

E R G E B N I S   D E R   A M O R T I S A T I O N S R E C H N U N G   V O N   B R E I T B A N D V E R T E I L S Y S T E M E N

SEMIPROFESSIONELLE EMPFANGSANLAGE

ANZAHL DER WOHNEINHEITEN	:	3000.
ANZAHL DER UEBERGABEPUNKTE	:	857.
INVEST.PRO UEBERGABEPUNKT I.DURCHSCHN.	:	1620.0 DM
ANZAHL D.WOHNEINHEITEN PRO UEBERGABEP.	:	3.5
ANFANGSINVESTITIONEN F.EMPFANGSANLAGEN	:	160000.0 DM
GESAMTINVESTITIONEN FUER DAS NETZ	:	1658571.4 DM
GES.INVEST. PRO ANGESCHL.WOHNEINHEIT	:	606.2 DM

JAHR	1	2	3	4	5	6	7	8	9	10	11	12	13	14	15	16	17	18	19	20
ANSCHL.DICHTE (%)																				
BEZUEGL. WE	35.	48.	60.	60.	60.	60.	60.	60.	60.	60.	60.	60.	60.	60.	60.	60.	60.	60.	60.	60.
BEZUEGL.UEP	47.	48.	60.	60.	60.	60.	60.	60.	60.	60.	60.	60.	60.	60.	60.	60.	60.	60.	60.	60.
UEP.INSTALL	75.	100.	100.	100.	100.	100.	100.	100.	100.	100.	100.	100.	100.	100.	100.	100.	100.	100.	100.	100.
(100000 DM)																				
ANSCHL-GEB.	3.68	1.88	1.88	0.00	0.00	0.00	0.00	0.00	0.00	0.00	0.00	0.00	0.00	0.00	0.00	0.00	0.00	0.00	0.00	0.00
MONATL.-GEB	.57	1.34	1.74	1.94	1.94	1.94	1.94	1.94	1.94	1.94	1.94	1.94	1.94	1.94	1.94	1.94	1.94	1.94	1.94	1.94
EINNAHMEN	4.24	3.21	3.62	1.94	1.94	1.94	1.94	1.94	1.94	1.94	1.94	1.94	1.94	1.94	1.94	1.94	1.94	1.94	1.94	1.94
INVEST.NETZ	11.99	4.03	.56	0.00	0.00	0.00	0.00	0.00	0.00	0.00	0.00	0.00	0.00	0.00	0.00	0.00	0.00	0.00	0.00	0.00
BETR.K-NETZ	.41	.64	.71	.74	.74	.74	.74	.74	.74	.74	.74	.74	.74	.74	.74	.74	.74	.74	.74	.74
BETR.K-EANL	.07	.07	.07	.07	.07	.07	.07	.07	.07	.07	.07	.07	.07	.07	.07	.07	.07	.07	.07	.07
ABL.AN BUND	.42	.32	.36	.19	.19	.19	.19	.19	.19	.19	.19	.19	.19	.19	.19	.19	.19	.19	.19	.19
AUSGABEN	12.89	5.07	1.70	1.01	1.01	1.01	1.01	1.01	1.01	1.01	1.01	1.01	1.01	1.01	1.01	1.01	1.01	1.01	1.01	1.01
UEBERSCHUSS	-8.65	-1.85	1.91	.94	.94	.94	.94	.94	.94	.94	.94	.94	.94	.94	.94	.94	.94	.94	.94	.94
KUM-UEBERS.	-8.7	-10.5	-8.6	-7.7	-6.7	-5.8	-4.8	-3.9	-3.0	-2.0	-1.1	-.2	.8	1.7	2.7	3.6	4.5	5.5	6.4	7.3
U-ABGEZINST	-8.7	-10.4	-8.7	-7.9	-7.1	-6.3	-5.6	-4.9	-4.2	-3.6	-3.0	-2.4	-1.9	-1.4	-.8	-.4	.1	.5	1.0	1.4
AMORTISATION														O.ZINS						

Anlage 8

E R G E B N I S   D E R   A M O R T I S A T I O N S R E C H N U N G   V O N   B R E I T B A N D V E R T E I L S Y S T E M E N

KLEINE EINZELNETZE: SEMIPROF.EMPF.ANL.

ANZAHL DER WOHNEINHEITEN	:	3000.
ANZAHL DER UEBERGABEPUNKTE	:	1200.
INVEST.PRO UEBERGABEPUNKT I.DURCHSCHN.	:	1620.0 DM
ANZAHL D.WOHNEINHEITEN PRO UEBERGABEP.	:	2.5
ANFANGSINVESTITIONEN F.EMPFANGSANLAGEN	:	160000.0 DM
GESAMTINVESTITIONEN FUER DAS NETZ	:	2064000.0 DM
GES.INVEST. PRO ANGESCHL.WOHNEINHEIT	:	741.3 DM

JAHR	1	2	3	4	5	6	7	8	9	10	11	12	13	14	15	16	17	18	19	20
ANSCHL.DICHTE (%)																				
BEZUEGL. WE	40.	60.	80.	80.	80.	80.	80.	80.	80.	80.	80.	80.	80.	80.	80.	80.	80.	80.	80.	80.
BEZUEGL.UEP	53.	60.	80.	80.	80.	80.	80.	80.	80.	80.	80.	80.	80.	80.	80.	80.	80.	80.	80.	80.
UEP.INSTALL	75.	100.	100.	100.	100.	100.	100.	100.	100.	100.	100.	100.	100.	100.	100.	100.	100.	100.	100.	100.
(100000 DM)																				
ANSCHL-GEB.	4.20	3.00	3.00	0.00	0.00	0.00	0.00	0.00	0.00	0.00	0.00	0.00	0.00	0.00	0.00	0.00	0.00	0.00	0.00	0.00
MONATL.-GEB	.65	1.62	2.27	2.59	2.59	2.59	2.59	2.59	2.59	2.59	2.59	2.59	2.59	2.59	2.59	2.59	2.59	2.59	2.59	2.59
EINNAHMEN	4.85	4.62	5.27	2.59	2.59	2.59	2.59	2.59	2.59	2.59	2.59	2.59	2.59	2.59	2.59	2.59	2.59	2.59	2.59	2.59
INVEST.NETZ	15.18	5.16	.30	0.00	0.00	0.00	0.00	0.00	0.00	0.00	0.00	0.00	0.00	0.00	0.00	0.00	0.00	0.00	0.00	0.00
BETR.K-NETZ	.55	.85	.96	1.02	1.02	1.02	1.02	1.02	1.02	1.02	1.02	1.02	1.02	1.02	1.02	1.02	1.02	1.02	1.02	1.02
BETR.K-EANL	.07	.07	.07	.07	.07	.07	.07	.07	.07	.07	.07	.07	.07	.07	.07	.07	.07	.07	.07	.07
ABL.AN BUND	.48	.46	.53	.26	.26	.26	.26	.26	.26	.26	.26	.26	.26	.26	.26	.26	.26	.26	.26	.26
AUSGABEN	16.28	6.55	1.86	1.35	1.35	1.35	1.35	1.35	1.35	1.35	1.35	1.35	1.35	1.35	1.35	1.35	1.35	1.35	1.35	1.35
UEBERSCHUSS	-11.43	-1.93	3.41	1.25	1.25	1.25	1.25	1.25	1.25	1.25	1.25	1.25	1.25	1.25	1.25	1.25	1.25	1.25	1.25	1.25
KUM-UEBERS.	-11.4	-13.4	-10.0	-8.7	-7.5	-6.2	-5.0	-3.7	-2.5	-1.2	.0	1.3	2.5	3.7	5.0	6.2	7.5	8.7	10.0	11.2
U-ABGEZINST	-11.4	-13.3	-10.2	-9.1	-8.0	-7.0	-6.1	-5.2	-4.3	-3.4	-2.6	-1.9	-1.1	-.4	.2	.9	1.5	2.1	2.7	3.2
AMORTISATION													O.ZINS					M.ZINS		

Anlage 9

E R G E B N I S   D E R   A M O R T I S A T I O N S R E C H N U N G   V O N   B R E I T B A N D V E R T E I L S Y S T E M E N

KLEINE EINZELNETZE: SEMIPROF.EMPF.ANL.

ANZAHL DER WOHNEINHEITEN	:	2500.
ANZAHL DER UEBERGABEPUNKTE	:	1000.
INVEST.PRO UEBERGABEPUNKT I.DURCHSCHN.	:	1620.0 DM
ANZAHL D.WOHNEINHEITEN PRO UEBERGABEP.	:	2.5
ANFANGSINVESTITIONEN F.EMPFANGSANLAGEN	:	160000.0 DM
GESAMTINVESTITIONEN FUER DAS NETZ	:	1720000.0 DM
GES.INVEST. PRO ANGESCHL.WOHNEINHEIT	:	752.0 DM

JAHR	1	2	3	4	5	6	7	8	9	10	11	12	13	14	15	16	17	18	19	20
ANSCHL.DICHTE (%)																				
BEZUEGL. WE	40.	60.	80.	80.	80.	80.	80.	80.	80.	80.	80.	80.	80.	80.	80.	80.	80.	80.	80.	80.
BEZUEGL.UEP	53.	60.	80.	80.	80.	80.	80.	80.	80.	80.	80.	80.	80.	80.	80.	80.	80.	80.	80.	80.
UEP.INSTALL	75.	100.	100.	100.	100.	100.	100.	100.	100.	100.	100.	100.	100.	100.	100.	100.	100.	100.	100.	100.
(100000 DM)																				
ANSCHL-GEB.	3.50	2.50	2.50	0.00	0.00	0.00	0.00	0.00	0.00	0.00	0.00	0.00	0.00	0.00	0.00	0.00	0.00	0.00	0.00	0.00
MONATL.-GEB	.54	1.35	1.89	2.16	2.16	2.16	2.16	2.16	2.16	2.16	2.16	2.16	2.16	2.16	2.16	2.16	2.16	2.16	2.16	2.16
EINNAHMEN	4.04	3.85	4.39	2.16	2.16	2.16	2.16	2.16	2.16	2.16	2.16	2.16	2.16	2.16	2.16	2.16	2.16	2.16	2.16	2.16
INVEST.NETZ	12.65	4.30	.25	0.00	0.00	0.00	0.00	0.00	0.00	0.00	0.00	0.00	0.00	0.00	0.00	0.00	0.00	0.00	0.00	0.00
BETR.K-NETZ	.45	.71	.80	.85	.85	.85	.85	.85	.85	.85	.85	.85	.85	.85	.85	.85	.85	.85	.85	.85
BETR.K-EANL	.07	.07	.07	.07	.07	.07	.07	.07	.07	.07	.07	.07	.07	.07	.07	.07	.07	.07	.07	.07
ABL.AN BUND	.40	.39	.44	.22	.22	.22	.22	.22	.22	.22	.22	.22	.22	.22	.22	.22	.22	.22	.22	.22
AUSGABEN	13.58	5.47	1.56	1.13	1.13	1.13	1.13	1.13	1.13	1.13	1.13	1.13	1.13	1.13	1.13	1.13	1.13	1.13	1.13	1.13
UEBERSCHUSS	-9.54	-1.62	2.83	1.03	1.03	1.03	1.03	1.03	1.03	1.03	1.03	1.03	1.03	1.03	1.03	1.03	1.03	1.03	1.03	1.03
KUM-UEBERS.	-9.5	-11.2	-8.3	-7.3	-6.3	-5.3	-4.2	-3.2	-2.2	-1.1	-.1	.9	1.9	3.0	4.0	5.0	6.0	7.1	8.1	9.1
U-ABGEZINST	-9.5	-11.1	-8.5	-7.6	-6.7	-5.9	-5.1	-4.4	-3.7	-3.0	-2.3	-1.7	-1.1	-.5	.1	.6	1.1	1.6	2.1	2.5
AMORTISATION													O.ZINS						M.ZINS	

Anlage 10

E R G E B N I S   D E R   A M O R T I S A T I O N S R E C H N U N G   V O N   B R E I T B A N D V E R T E I L S Y S T E M E N

KLEINE EINZELNETZE: SEMIPROF.EMPF.ANL.

ANZAHL DER WOHNEINHEITEN	:	2000.
ANZAHL DER UEBERGABEPUNKTE	:	800.
INVEST.PRO UEBERGABEPUNKT I.DURCHSCHN.	:	1620.0 DM
ANZAHL D.WOHNEINHEITEN PRO UEBERGABEP.	:	2.5
ANFANGSINVESTITIONEN F.EMPFANGSANLAGEN	:	160000.0 DM
GESAMTINVESTITIONEN FUER DAS NETZ	:	1376000.0 DM
GES.INVEST. PRO ANGESCHL.WOHNEINHEIT	:	768.0 DM

JAHR	1	2	3	4	5	6	7	8	9	10	11	12	13	14	15	16	17	18	19	20
ANSCHL.DICHTE (%)																				
BEZUEGL. WE	40.	60.	80.	80.	80.	80.	80.	80.	80.	80.	80.	80.	80.	80.	80.	80.	80.	80.	80.	80.
BEZUEGL.UEP	53.	60.	80.	80.	80.	80.	80.	80.	80.	80.	80.	80.	80.	80.	80.	80.	80.	80.	80.	80.
UEP.INSTALL	75.	100.	100.	100.	100.	100.	100.	100.	100.	100.	100.	100.	100.	100.	100.	100.	100.	100.	100.	100.
(100000 DM)																				
ANSCHL-GEB.	2.80	2.00	2.00	0.00	0.00	0.00	0.00	0.00	0.00	0.00	0.00	0.00	0.00	0.00	0.00	0.00	0.00	0.00	0.00	0.00
MONATL.-GEB	.43	1.08	1.51	1.73	1.73	1.73	1.73	1.73	1.73	1.73	1.73	1.73	1.73	1.73	1.73	1.73	1.73	1.73	1.73	1.73
EINNAHMEN	3.23	3.08	3.51	1.73	1.73	1.73	1.73	1.73	1.73	1.73	1.73	1.73	1.73	1.73	1.73	1.73	1.73	1.73	1.73	1.73
INVEST.NETZ	10.12	3.44	.20	0.00	0.00	0.00	0.00	0.00	0.00	0.00	0.00	0.00	0.00	0.00	0.00	0.00	0.00	0.00	0.00	0.00
BETR.K-NETZ	.36	.57	.64	.68	.68	.68	.68	.68	.68	.68	.68	.68	.68	.68	.68	.68	.68	.68	.68	.68
BETR.K-EANL	.07	.07	.07	.07	.07	.07	.07	.07	.07	.07	.07	.07	.07	.07	.07	.07	.07	.07	.07	.07
ABL.AN BUND	.32	.31	.35	.17	.17	.17	.17	.17	.17	.17	.17	.17	.17	.17	.17	.17	.17	.17	.17	.17
AUSGABEN	10.88	4.39	1.26	.92	.92	.92	.92	.92	.92	.92	.92	.92	.92	.92	.92	.92	.92	.92	.92	.92
UEBERSCHUSS	-7.65	-1.31	2.25	.81	.81	.81	.81	.81	.81	.81	.81	.81	.81	.81	.81	.81	.81	.81	.81	.81
KUM-UEBERS.	-7.6	-9.0	-6.7	-5.9	-5.1	-4.3	-3.5	-2.7	-1.9	-1.1	-.3	.5	1.4	2.2	3.0	3.8	4.6	5.4	6.2	7.0
U-ABGEZINST	-7.6	-8.9	-6.8	-6.1	-5.5	-4.8	-4.2	-3.6	-3.0	-2.5	-2.0	-1.5	-1.0	-.5	-.1	.3	.7	1.1	1.5	1.8
AMORTISATION														O.ZINS						M.ZINS

Anlage 11

Streuungsdiagramm für den Zusammenhang von Anteil der Wohneinheiten in Gebäudetyp I (Ordinate) und Wohneinheiten pro Übergabepunkt (Abszisse)

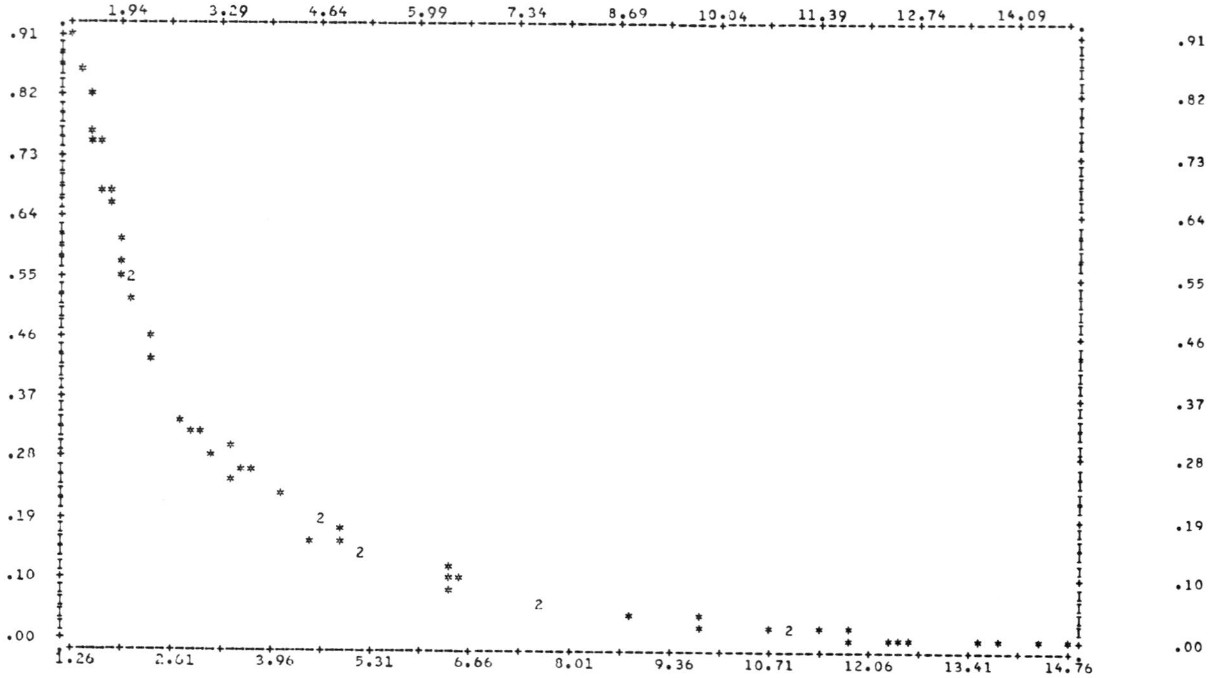

Anlage 12

Streuungsdiagramm für den Zusammenhang von Anteil der Wohneinheiten in Gebäudetyp III (Ordinate) und Wohneinheiten pro Übergabepunkt (Abszisse)

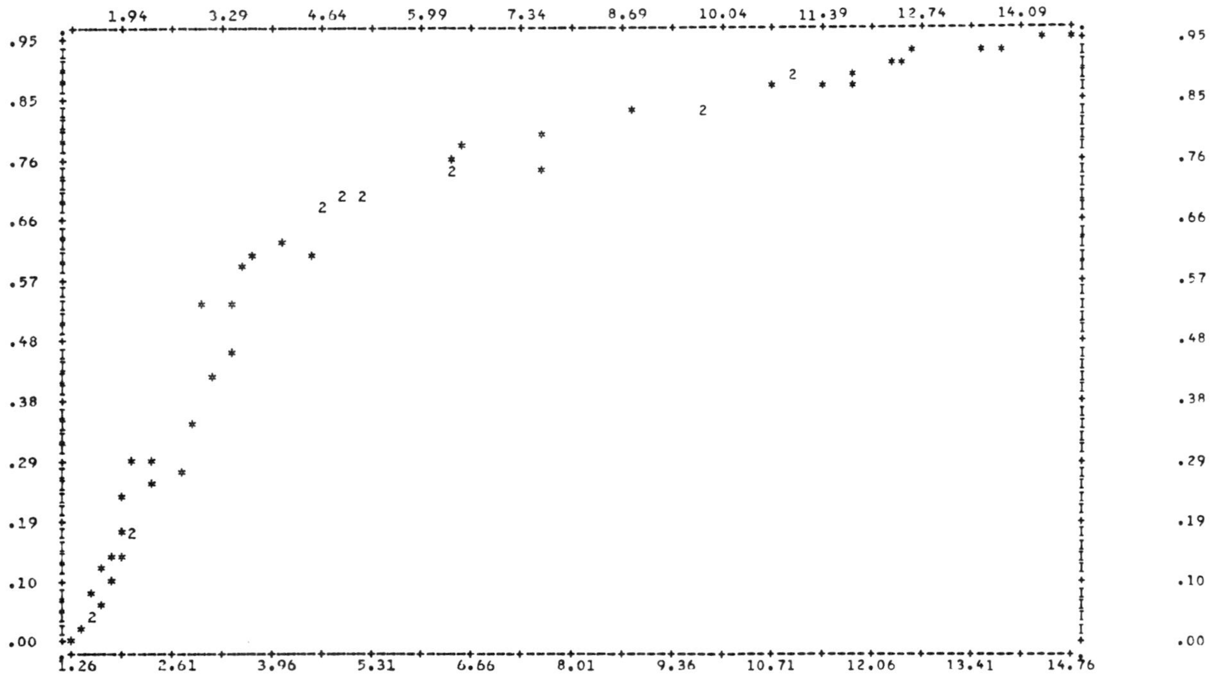

Anlage 13

ERGEBNIS DER AMORTISATIONSRECHNUNG VON BREITBANDVERTEILSYSTEMEN

BETRIEBSVERSUCH: PROF.EMPFANGSANLAGE

ANZAHL DER WOHNEINHEITEN	:	25000.
ANZAHL DER UEBERGABEPUNKTE	:	7143.
INVEST.PRO UEBERGABEPUNKT I.DURCHSCHN.	:	1620.0 DM
ANZAHL D.WOHNEINHEITEN PRO UEBERGABEP.	:	3.5
ANFANGSINVESTITIONEN F.EMPFANGSANLAGEN	:	593000.0 DM
GESAMTINVESTITIONEN FUER DAS NETZ	:	14498293.4 DM
GES.INVEST. PRO ANGESCHL.WOHNEINHEIT	:	603.7 DM

JAHR	1	2	3	4	5	6	7	8	9	10	11	12	13	14	15	16	17	18	19	20
ANSCHL.DICHTE (%)																				
BEZUEGL. WE	42.	71.	78.	78.	78.	78.	78.	78.	78.	78.	78.	78.	78.	78.	78.	78.	78.	78.	78.	78.
BEZUEGL.UEP	56.	71.	78.	78.	78.	78.	78.	78.	78.	78.	78.	78.	78.	78.	78.	78.	78.	78.	78.	78.
UEP.INSTALL	75.	100.	100.	100.	100.	100.	100.	100.	100.	100.	100.	100.	100.	100.	100.	100.	100.	100.	100.	100.
(100000 DM)																				
ANSCHL-GEB.	31.90	23.67	8.57	0.00	0.00	0.00	0.00	0.00	0.00	0.00	0.00	0.00	0.00	0.00	0.00	0.00	0.00	0.00	0.00	0.00
MONATL.-GEB	4.76	12.61	16.63	17.55	17.55	17.55	17.55	17.55	17.55	17.55	17.55	17.55	17.55	17.55	17.55	17.55	17.55	17.55	17.55	17.55
EINNAHMEN	36.66	36.28	25.20	17.55	17.55	17.55	17.55	17.55	17.55	17.55	17.55	17.55	17.55	17.55	17.55	17.55	17.55	17.55	17.55	17.55
INVEST.NETZ	102.45	39.96	2.57	0.00	0.00	0.00	0.00	0.00	0.00	0.00	0.00	0.00	0.00	0.00	0.00	0.00	0.00	0.00	0.00	0.00
BETR.K-NETZ	3.54	6.01	6.83	6.98	6.98	6.98	6.98	6.98	6.98	6.98	6.98	6.98	6.98	6.98	6.98	6.98	6.98	6.98	6.98	6.98
BETR.K-EANL	.24	.24	.24	.24	.24	.24	.24	.24	.24	.24	.24	.24	.24	.24	.24	.24	.24	.24	.24	.24
ABL.AN BUND	3.67	3.63	2.52	1.76	1.76	1.76	1.76	1.76	1.76	1.76	1.76	1.76	1.76	1.76	1.76	1.76	1.76	1.76	1.76	1.76
AUSGABEN	109.90	49.84	12.16	8.98	8.98	8.98	8.98	8.98	8.98	8.98	8.98	8.98	8.98	8.98	8.98	8.98	8.98	8.98	8.98	8.98
UEBERSCHUSS	-73.24	-13.56	13.04	8.58	8.58	8.58	8.58	8.58	8.58	8.58	8.58	8.58	8.58	8.58	8.58	8.58	8.58	8.58	8.58	8.58
KUM-UEBERS.	-73.2	-86.8	-73.8	-65.2	-56.6	-48.0	-39.4	-30.9	-22.3	-13.7	-5.1	3.4	12.0	20.6	29.2	37.7	46.3	54.9	63.5	72.0
U-ABGEZINST	-73.2	-85.2	-74.3	-66.8	-59.6	-52.7	-46.1	-39.8	-33.8	-28.0	-22.5	-17.2	-12.1	-7.3	-2.7	1.8	6.0	10.1	14.0	17.7
AMORTISATION													O.ZINS				M.ZINS			

Anlage 14

E R G E B N I S   D E R   A M O R T I S A T I O N S R E C H N U N G   V O N   B R E I T B A N D V E R T E I L S Y S T E M E N

BETRIEBSVERSUCH: SEMIPROF.EMPFANGSANL.

ANZAHL DER WOHNEINHEITEN :	10000.
ANZAHL DER UEBERGABEPUNKTE :	2857.
INVEST.PRO UEBERGABEPUNKT I.DURCHSCHN.:	1620.0 DM
ANZAHL D.WOHNEINHEITEN PRO UEBERGABEP.:	3.5
ANFANGSINVESTITIONEN F.EMPFANGSANLAGEN:	160000.0 DM
GESAMTINVESTITIONEN FUER DAS NETZ :	5799317.4 DM
GES.INVEST. PRO ANGESCHL.WOHNEINHEIT :	595.9 DM

JAHR	1	2	3	4	5	6	7	8	9	10	11	12	13	14	15	16	17	18	19	20
ANSCHL.DICHTE (%)																				
BEZUEGL. WE	42.	71.	78.	78.	78.	78.	78.	78.	78.	78.	78.	78.	78.	78.	78.	78.	78.	78.	78.	78.
BEZUEGL.UEP	56.	71.	78.	78.	78.	78.	78.	78.	78.	78.	78.	78.	78.	78.	78.	78.	78.	78.	78.	78.
UEP.INSTALL	75.	100.	100.	100.	100.	100.	100.	100.	100.	100.	100.	100.	100.	100.	100.	100.	100.	100.	100.	100.
(100000 DM)																				
ANSCHL-GEB.	12.76	9.47	3.43	0.00	0.00	0.00	0.00	0.00	0.00	0.00	0.00	0.00	0.00	0.00	0.00	0.00	0.00	0.00	0.00	0.00
MONATL.-GEB	1.90	5.04	6.65	7.02	7.02	7.02	7.02	7.02	7.02	7.02	7.02	7.02	7.02	7.02	7.02	7.02	7.02	7.02	7.02	7.02
EINNAHMEN	14.66	14.51	10.08	7.02	7.02	7.02	7.02	7.02	7.02	7.02	7.02	7.02	7.02	7.02	7.02	7.02	7.02	7.02	7.02	7.02
INVEST.NETZ	40.98	15.98	1.03	0.00	0.00	0.00	0.00	0.00	0.00	0.00	0.00	0.00	0.00	0.00	0.00	0.00	0.00	0.00	0.00	0.00
BETR.K-NETZ	1.42	2.41	2.73	2.79	2.79	2.79	2.79	2.79	2.79	2.79	2.79	2.79	2.79	2.79	2.79	2.79	2.79	2.79	2.79	2.79
BETR.K-EANL	.07	.07	.07	.07	.07	.07	.07	.07	.07	.07	.07	.07	.07	.07	.07	.07	.07	.07	.07	.07
ABL.AN BUND	1.47	1.45	1.01	.70	.70	.70	.70	.70	.70	.70	.70	.70	.70	.70	.70	.70	.70	.70	.70	.70
AUSGABEN	43.94	19.91	4.84	3.57	3.57	3.57	3.57	3.57	3.57	3.57	3.57	3.57	3.57	3.57	3.57	3.57	3.57	3.57	3.57	3.57
UEBERSCHUSS	-29.27	-5.40	5.24	3.45	3.45	3.45	3.45	3.45	3.45	3.45	3.45	3.45	3.45	3.45	3.45	3.45	3.45	3.45	3.45	3.45
KUM-UEBERS.	-29.3	-34.7	-29.4	-26.0	-22.5	-19.1	-15.6	-12.2	-8.7	-5.3	-1.8	1.7	5.1	8.6	12.0	15.5	18.9	22.4	25.8	29.3
U-ABGEZINST	-29.3	-34.4	-29.6	-26.6	-23.7	-20.9	-18.3	-15.8	-13.3	-11.0	-8.8	-6.7	-4.6	-2.7	-.8	1.0	2.7	4.3	5.9	7.4
AMORTISATION												O.ZINS					M.ZINS			

E R G E B N I S   D E R   A M O R T I S A T I O N S R E C H N U N G   V O N   B R E I T B A N D V E R T E I L S Y S T E M E N

SEMIPROFESSIONELLE EMPFANGSANLAGE

ANZAHL DER WOHNEINHEITEN	:	3000.
ANZAHL DER UEBERGABEPUNKTE	:	1000.
INVEST.PRO UEBERGABEPUNKT I.DURCHSCHN.	:	1620.0 DM
ANZAHL D.WOHNEINHEITEN PRO UEBERGABEP.	:	3.0
ANFANGSINVESTITIONEN F.EMPFANGSANLAGEN	:	160000.0 DM
GESAMTINVESTITIONEN FUER DAS NETZ	:	1890000.0 DM
GES.INVEST. PRO ANGESCHL.WOHNEINHEIT	:	683.3 DM

JAHR	1	2	3	4	5	6	7	8	9	10	11	12	13	14	15	16	17	18	19	20
ANSCHL.DICHTE (%)																				
BEZUEGL. WE	35.	48.	60.	60.	60.	60.	60.	60.	60.	60.	60.	60.	60.	60.	60.	60.	60.	60.	60.	60.
BEZUEGL.UEP	47.	48.	60.	60.	60.	60.	60.	60.	60.	60.	60.	60.	60.	60.	60.	60.	60.	60.	60.	60.
UEP.INSTALL	75.	100.	100.	100.	100.	100.	100.	100.	100.	100.	100.	100.	100.	100.	100.	100.	100.	100.	100.	100.
(100000 DM)																				
ANSCHL-GEB.	3.68	1.88	1.38	0.00	0.00	0.00	0.00	0.00	0.00	0.00	0.00	0.00	0.00	0.00	0.00	0.00	0.00	0.00	0.00	0.00
MONATL.-GEB	.69	1.63	2.13	2.38	2.38	2.38	2.38	2.38	2.38	2.38	2.38	2.38	2.38	2.38	2.38	2.38	2.38	2.38	2.38	2.38
EINNAHMEN	4.37	3.51	4.00	2.38	2.38	2.38	2.38	2.38	2.38	2.38	2.38	2.38	2.38	2.38	2.38	2.38	2.38	2.38	2.38	2.38
INVEST.NETZ	13.73	4.61	.56	0.00	0.00	0.00	0.00	0.00	0.00	0.00	0.00	0.00	0.00	0.00	0.00	0.00	0.00	0.00	0.00	0.00
BETR.K-NETZ	.46	.71	.78	.81	.81	.81	.81	.81	.81	.81	.81	.81	.81	.81	.81	.81	.81	.81	.81	.81
BETR.K-EANL	.07	.07	.07	.07	.07	.07	.07	.07	.07	.07	.07	.07	.07	.07	.07	.07	.07	.07	.07	.07
ABL.AN BUND	.44	.35	.40	.24	.24	.24	.24	.24	.24	.24	.24	.24	.24	.24	.24	.24	.24	.24	.24	.24
AUSGABEN	14.69	5.74	1.81	1.12	1.12	1.12	1.12	1.12	1.12	1.12	1.12	1.12	1.12	1.12	1.12	1.12	1.12	1.12	1.12	1.12
UEBERSCHUSS	-10.32	-2.24	2.19	1.26	1.26	1.26	1.26	1.26	1.26	1.26	1.26	1.26	1.26	1.26	1.26	1.26	1.26	1.26	1.26	1.26
KUM-UEBERS.	-10.3	-12.6	-10.4	-9.1	-7.9	-6.6	-5.3	-4.1	-2.8	-1.6	-.3	.9	2.2	3.5	4.7	6.0	7.2	8.5	9.7	11.0
U-ABGEZINST	-10.3	-12.5	-10.5	-9.4	-8.3	-7.3	-6.3	-5.4	-4.5	-3.7	-2.9	-2.1	-1.4	-.6	.0	.7	1.3	1.9	2.5	3.0
AMORTISATION													O.ZINS					M.ZINS		